少年科普热点

建筑奇想

JIANZHU QIXIANG

中国科学技术协会青少年科技中心　组织编写

科学普及出版社

·北京·

组 织 编 写　　中国科学技术协会青少年
　　　　　　　　科技中心
丛 书 主 编　　明　德
丛书编写组　　王　俊　　魏小卫　　陈　科
　　　　　　　　周智高　　罗　曼　　薛东阳
　　　　　　　　徐　凯　　赵晨峰　　郑军平
　　　　　　　　李　升　　王文钢　　王　刚
　　　　　　　　汪富亮　　李永富　　张继清
　　　　　　　　任旭刚　　王云立　　韩宝燕
　　　　　　　　陈　均　　邱　鹏　　李洪毅
　　　　　　　　刘晨光　　农华西　　邵显斌
　　　　　　　　王　飞　　杨　城　　于保政
　　　　　　　　谢　刚　　买乌拉江

策划编辑　　肖　叶　　梁军霞
责任编辑　　梁军霞　　白李娜
封面设计　　同　同
责任校对　　林　华
责任印制　　李晓霖

目录

引　子

　　朋友，一提起"建筑"这个词，你的脑海中可能立刻就会浮现出许许多多高楼大厦的景象。是啊，建筑与我们的关系太密切了。人类文明从诞生的那一天起，就始终伴随着建筑。从刚开始用木架和草泥建造的简易穴居，到后来建造规模巨大的宫殿、桥梁、陵墓等，可以说人类社会的发展史也是一部建筑史。古今中外，有多少光彩夺目、精美绝伦的著名建筑啊，它们是人类汗水与智慧的结晶。

　　让我们一起开始浏览建筑的历程吧！
　　建筑是一门科学，建筑中又蕴涵着艺术。无论是埃及的金字塔、印度的泰姬陵，还是中国的长城、故宫——这些几千年文明史孕育的建筑之花，带给人们的不仅是美妙的享受，还有更多的思考与启迪。伟大的建筑就是一部凝固的交响乐，吸引了一代又一代的人为它们痴迷，为它们疯狂。
　　本书大致以时间为经线，以空间为纬线，和朋友们一起享受精彩的浏览世界著名建筑的旅程。在这次旅程中，朋友们不仅可以轻松地学到许多建筑方面的知识，还可以了解到不少有关建筑的趣闻轶事，在不知不觉中开阔视野，提高自己的艺术鉴赏力。

第一篇
亚洲著名建筑

（不含中国建筑）

亚洲建筑中有哪些"世界奇迹"?

说到世界的著名建筑，我们就不能不了解一下举世闻名的"世界七大奇迹"，因为它们都是与建筑相关的。

朋友，你知道是谁、在什么时候总结出的"世界七大奇迹"吗？你知道它们都包括哪些吗？让我来告诉你吧。

古代叙利亚境内有一个叫作腓尼基的城邦国家。它西临地中海，东倚黎巴嫩山，北

金 字 塔

比萨斜塔

接小亚细亚，南连巴勒斯坦，是当时西亚海陆交通的枢纽。因此，腓尼基的航海和商业特别发达。2600多年前，腓尼基的航海家就完成了环绕整个非洲的航行。常言道"见多识广"，公元前3世纪，腓尼基旅行家昂蒂帕克把他在旅途中所见到的最好、最绮丽的人造景观，经过对比排列，选出了七个，编排出了第一个"世界七大奇迹"的名单（据说"七"又象征着天上的北斗七星）。它们是：巴比伦空中花园、罗德斯岛太阳神雕像、摩索拉斯王陵墓、阿尔忒弥斯女神殿、宙斯神像、法洛斯灯塔、埃及金字塔。

这"七大奇迹"，亚洲有三处：一是位于现在的伊拉克巴格达附近的巴比伦空中花园，二是位于现在的土耳其西南地区的摩索拉斯王陵墓，三是位于现在的土耳其西海岸的阿尔忒弥斯女神殿。

到了公元15世纪前后，或因天灾，或为人祸，"世界七大奇迹"大都灰飞烟灭，只剩下了埃及金字塔。于是，又有一些旅行家重新编制了一个"世界七大奇迹"的名单：意大利的罗马斗兽场、利比亚沙漠边缘的亚

"世界新七大奇迹"

2007月7日，"世界新七大奇迹"在葡萄牙首都里斯本揭晓。经过全球超过9000万人的投票评选，中国的万里长城、约旦的佩特拉古城、巴西的基督像、秘鲁的马丘比丘印加遗址、墨西哥的奇琴伊查库库尔坎金字塔、意大利的古罗马斗兽场、印度的泰姬陵成为"世界新七大奇迹"。而且，在全部的评选中，中国的万里长城居第一位。

万里长城

历山大里亚地下陵墓、中国的万里长城、英国巨石围圈、中国南京的大报恩寺琉璃宝塔、意大利的比萨斜塔、土耳其的圣索菲亚大教堂。他们把原来的七个建筑称之为"上古世界七大奇迹"，把新编的称作"中古世界七大奇迹"。

在"世界新七大奇迹"中亚洲有几处？

小问题

"空中花园"是悬在空中的吗？

　　作为世界七大奇迹之一的"空中花园"，考古学家至今都未能找到它的遗迹。事实上，不少提到空中花园的古代人也只是从别人口中听说的，并没有真正看到。那么空中花园是否只是传说呢？

　　今天的考古学家一般认为，空中花园建于公元前604－前562年之间，位于幼发拉底河东面，就是现在的伊拉克首都巴格达西

幼发拉底河

美索不达米亚平原

南方 90 千米。说是空中花园，但它不是真的悬在空中，而是建在 120 多平方米的石地基上，高度约为 24 米，比 6 层楼还高。花园就像多层生日蛋糕，由一层层面积逐次减小的平台组成，上面种满了鲜花、树木，还有溪流、瀑布、长廊和亭阁。

传说，巴比伦国王尼布甲尼撒娶了一位美丽的王妃叫米拉米斯。她来自一个多山的国家——米底，那里有着郁郁葱葱的原始森林。可是在巴比伦干燥的美索不达米亚平原上连树都很少见，更没有森林了。王妃日夜思念花木繁茂的故土，郁郁寡欢。为了讨王妃的欢心，治愈心上人的"思乡病"，国王尼布甲尼撒下令在巴比伦的平原地带建造了一座高高的花园。王妃看见以后，非常高兴。因为从远处望去，花园如同悬浮于空中，所以被称为"空中花园"。

还有人说，花园由镶嵌着许多彩色狮子的高墙环绕，采用立体叠园手法，在高高的平台上，分层重叠，层层遍植奇花异草。植物离不开水，必须有完善的供水系统。为了灌溉花园里的花草，奴隶们要转动机械装置从幼发拉底河里抽取大量的水，再把水抽到花园最高层的储水池中，经过人工河流逐层流下。

空中花园的防渗漏系统

空中花园如果不采取有效措施，高层平台土壤中的水分就会很快渗透光，整个花园的地基也会被水泡塌，所以必须有一套防渗漏系统。有的科学家认为，玄机就在花园的底部构造上，其中很可能加入了芦苇、沥青等防水材料。也有人认为，是包了一层铅板。不过，这仍然是一个千古未解之谜，据说，至今仍有沙特富翁悬赏寻找能破解这个秘密的人。

建筑奇想

古巴比伦王国的复原图

历史变迁，繁华如云烟，如今，已经找不到任何能够准确描述空中花园的证据。

小问题

你能猜猜空中花园是如何防止水分渗漏的吗？

阿尔忒弥斯女神殿和摩索拉斯王陵墓由何而来？

　　"世界七大奇迹"中的阿尔忒弥斯女神殿和摩索拉斯王陵墓，都建造在今天的土耳其境内。

　　大约在公元前550年，古希腊人在埃斐索斯修建了举世闻名的阿尔忒弥斯女神殿，它是当时世界上最大的大理石建筑，占地面积达6 050平方米，比一个足球场还要大。整个神殿最著名的是内部的两排大理石立柱，至少106根，每根有12～18米高。神殿内外均由当时著名的艺术家以铜、银、黄金

阿尔忒弥斯女神殿遗址

阿尔忒弥斯女神殿复原图

和象牙等材料制作浮雕装饰，在华美绮丽的神殿中央有一个 U 形祭坛，摆放着阿尔忒弥斯女神的雕像，供人膜拜。

关于阿尔忒弥斯的身份，一般认为她是古希腊神话中的狩猎女神。因为狩猎是古希腊人养家糊口的主要手段之一，所以人们对阿尔忒弥斯十分爱戴。为了表示对她的虔诚，建造了这座神殿。

阿尔忒弥斯女神殿曾经历过 7 次重建。公元前 356 年，神殿被大火烧毁。重建的时候，大理石立柱长度增加到了 21.7 米，并增添了 13 级阶梯围绕在旁边。公元 5 世纪前期，东罗马帝国占领了埃斐索斯，它的皇帝奥德修斯二世是个狂热的基督教信徒，不相信什么狩猎女神。在奥德修斯二世的命令下，阿尔忒弥斯女神殿被彻底摧毁。

下面，再给朋友们说说摩索拉斯王陵墓的由来。

公元前 4 世纪，在今天的安纳托利亚高原西南部有一个卡里亚帝国，盛极一时，罗德斯岛就曾是卡里亚帝国的一部分。国王摩索拉斯还在世的时候，就开始为自己和王后阿尔特米西娅二世（同时也是他的妹妹）修建陵墓了。

规模浩大的陵墓于公元前 353 年竣工。根据拉丁史学家大普林尼的描述，这座建筑

精美的雕塑

摩索拉斯王陵墓除了建筑宏伟之外，在陵墓地基四周还有精美的雕塑。据记载，在其中的三处浮雕中，第一处表现的是马车，第二处是希腊人和亚马孙人作战的场景，第三处是拉皮提人和半人马怪兽之间的战斗。在伦敦大英博物馆里，如今还保存着第二处雕像的残片呢。

摩索拉斯王陵墓复原图

由三部分组成：地基是高 19 米、长 39 米、宽 33 米的平台；上面是由 36 根柱子组成的爱奥尼亚式连拱廊，高 11 米；拱廊上是金字塔形屋顶，由 24 级台阶构成，象征着摩索拉斯的执政年限。陵墓顶端是摩索拉斯和王后驾驶战车的雕像。整座建筑高达 45 米！

后来，经过一场地震和人为的破坏，摩索拉斯王陵墓渐渐被毁掉了。

你知道阿尔忒弥斯女神殿和摩索拉斯王陵墓哪个年代更久远吗？

小问题

圣索菲亚大教堂的结构有什么特色？

朋友，你知道吗？在"中古世界七大奇迹"中，土耳其的圣索菲亚大教堂榜上有名。

公元325年，君士坦丁大帝为了供奉智慧之神索菲亚，始建圣索菲亚大教堂，后因天灾和战乱而毁损。

公元532年，查士丁尼大帝为了标榜自己的文治武功，决心重建大教堂。他请来了两位建筑师——伊西陀尔和安提缪斯，投入了一万多人和巨额黄金，教堂于公元537年

圣索菲亚大教堂

建筑奇想

圣索菲亚大教堂的穹隆圆顶

底完工。此后，基督教东方的教堂便有了自己的特点，它不仅用做宗教仪式，还用做皇帝举行重要国仪的场所。

1453年6月，穆罕默德率领20万大军攻入君士坦丁堡，下令将大教堂改为清真寺，把所有的基督教雕像都搬出去，并将教堂内拜占庭的壁画以灰浆遮盖，再绘上伊斯兰的图案，还在周围修建了4个高大的尖塔，这就是今天我们看到的圣索菲亚大教堂的面貌。

1932年，土耳其国父凯末尔将圣索菲亚大教堂改成向公众开放的博物馆——阿亚索菲亚博物馆。这样一来，长期被掩盖住的拜占庭马赛克镶嵌艺术瑰宝得以重见天日，伊斯兰教和基督教也在此和平共处了。

圣索菲亚大教堂是集中式的，东西长77米，南北长71米。布局属于以穹隆覆盖的巴西利卡式，中央穹隆突出，四面体量相仿但有侧重，前面有一个大院子，正南入口有两道门庭，末端有半圆神龛。

人们赞美教堂的圆顶是世界上最漂亮的穹隆圆顶建筑之一，以希腊罗得岛的多孔砖

历史名城——拜占庭

拜占庭原是古希腊与罗马的殖民城市，是一个同时拥抱着欧、亚两大洲的名城，被罗马艺术和东方艺术所渲染。公元330年，正是罗马帝国的繁荣时期。君士坦丁大帝将都城迁到这个黑海之滨、欧亚大陆的交汇处后，就将它命名为君士坦丁堡。当西欧还沉沦在愚昧无知的黑暗中，君士坦丁堡的海上贸易已经非常发达，人口也越来越多，形成了自成一体的文化艺术风格，创造出许多艺术珍品。

公元1453年6月，奥斯曼土耳其帝国的军队占领了君士坦丁堡，后来又迁都到这里。这座城市更名为伊斯坦布尔，并一直沿用到现在。

圣索菲亚大教堂的大门

制成，空气可以流通。中央大穹隆直径为
32.6米，穹顶离地54.8米，通过帆拱支撑
在四个大柱墩上。其横推力由东西两个半穹
顶及南北各两个大柱墩来平衡。内部空间丰
富多变，穹隆底部密排着一圈40个窗洞，
光线射入时形成的幻影，使大穹隆显得轻巧
凌空。

世界上唯一跨欧、亚两大洲的
是哪一座城市？

小问题

印度的泰姬陵有什么动人的传说？

　　被列入"世界新七大奇迹"的印度泰姬陵，有一个动人的传说。

　　泰姬名叫阿姬曼·芭奴，是一位来自波斯的女子，她美丽聪慧，多才多艺，是莫卧儿王朝第五代君主沙杰罕的妻子。入宫19年，她用自己的生命见证了沙杰罕的荣辱征战。相传沙杰罕年轻时曾流浪多年，阿姬曼·芭奴始终跟随着他。沙杰罕特别宠爱她，

泰　姬　陵

泰姬陵位于叶木那河南岸

登基后便封她为"泰姬·玛哈尔"，意思是
"宫廷的皇冠"。可惜自古红颜多薄命，泰姬
在生下第 14 个孩子后死去，沙杰罕悲伤至
极竟然一夜白头。1630 年，他动用了皇族的
特权，倾举国之力，耗无数钱财，历时 22
年为爱妻建造了这座大理石陵墓。

据说，痴情的沙杰罕本想在河对面再为
自己建造一个一模一样的黑色陵墓，中间用
半黑半白的大理石桥连接，穿越阴阳两界，与
爱妻相对而眠。没想到他的梦想在皇室的纷
争中戛然断裂。泰姬陵完工不久，他的儿子
弑兄杀弟篡位，沙杰罕也被囚禁在阿拉堡。

泰姬陵位于叶木那河南岸，占地面积
17 万平方米。整个陵墓布局单纯雅致，建
筑通体用白色大理石砌成，外形端庄华美，

无懈可击。

这座陵墓的总平面呈长方形，围墙长而宽，进第一道门后有十分宽敞的内院，两侧各有两个较小的院落。第二道门很高，门上有凹廊，四角还有小穹顶和立塔，进门可看见一片宽阔的草坪。一个十字形的水池将其分为四块，十字中央是方形的水池，后边就是建在白色大理石台基上的主建筑。主建筑正中是雄伟的葱头形穹顶的陵墓，立面有大凹廊，两侧抹角立面上各有4个小凹廊，在伟岸的建筑顶端的两边，也各有一个小穹顶。台基四角是4根细高的尖塔。寝宫门窗及围

泰姬陵——"印度的珍珠"

泰姬陵是印度著名的古建筑，被誉为"印度的珍珠"。它是印度人民的骄傲，也深受世界各地的旅游者的喜爱。有人说，不看泰姬陵就不算到过印度。的确，在世人眼中，泰姬陵就是印度的代名词。无论是国际政要还是普通游客，只要去了印度，哪怕日程再忙，也要挤出时间去瞻仰一下这座举世闻名的爱情丰碑。

泰姬陵由白色大理石砌成

屏都用白色大理石镂雕成菱形带花边的小格，墙上用翡翠、水晶、玛瑙、红绿宝石镶嵌着色彩艳丽的藤蔓花朵，光线所至，光华夺目，璀璨得犹如天上的星辉。

小问题　沙杰罕为什么要给妻子建造这么豪华的陵墓？

日本佛教建筑的代表作是什么？

　　从公元 7 世纪起，中国的佛教就经朝鲜传入了日本。因此，日本的佛教建筑有许多中国特色，像奈良的法隆寺和大阪的四天王寺等都带有中国唐朝的建筑风格。10 世纪以后，日本的佛教建筑更加民族化和世俗化了。有些日本工匠已经完全掌握了中国建筑的形制，还能够在唐式建筑风格的基础上，使建筑风格更加适应于日本的文化。

　　1053 年，京都府建造了平等院凤凰堂。

平等院凤凰堂

平等院凤凰堂内的阿弥陀佛坐像

平等院的规模十分宏大，除了凤凰堂之外，还有钟楼、塔、大殿、经藏、东西法华堂等。由于战火，现在仅存凤凰堂。

平等院凤凰堂采用寝殿式的形制，堂内供阿弥陀佛坐像。此堂三面环水，朝东，平面似凤凰飞翔之状，因此得名凤凰堂。正殿为凤身，左右廊为凤翅，后廊是凤尾，变化多端。正殿面阔3间，10.3米；进深两间，7.9米。重檐歇山式屋顶，四周加一卷围廊，廊顶成为正殿的腰檐，中间升高，将正门突出，造成形体上的多变。正殿的两翼檐下加装饰性平座，转角部分升高作攒尖顶楼阁，显得富丽豪华。在正殿正脊的两端还各置一个铜铸的金凤凰。门上和檐下缀有诸多铜饰，大多为镀金铜具。

凤凰堂的内部有许多极其精美的雕刻和绘画，用金箔、珠玉、螺钿、髹漆等多种材料装饰。殿中央佛像顶上悬挂着华丽的大天盖，中国式的宝相花、唐草、连珠、绦环绘满了梁枋斗拱，方形的藻井悬挂在透雕木板之中。四扇门和墙壁画有佛经故事，如极乐净土图画等，四壁均雕刻着神采飞扬的菩萨

凤凰堂的建筑特色

日本平安时代有些佛寺由公侯之家发愿修建，具有住宅的纤细优美之姿。凤凰堂原为贵族府邸中供奉阿弥陀佛的佛堂，其布局类似贵族府邸中的寝殿，即在中央正屋（寝殿）的两侧有东西配屋，并以游廊将它们联系起来。单房屋的样式是"和样"的，如采用歇山顶、架空地板、出檐深远等。建筑临水而筑，外形秀丽，内部雕饰、壁画极其丰富，集当时的造型艺术于一堂。

正殿两侧的铜铸金凤凰

像。藻井底子和佛像须弥座都嵌有螺钿。真可以说是"金缕玉叶翻动升腾，华盖花蕊竞相斗艳"。

　　这些青青屋瓦、粉黛画壁，既展示着主人对净土界的幽思，也预示着现世生活的繁杂。

　　凤凰堂是日本建筑史上最杰出的建筑物之一，它反映了中日文化交流有着悠久的历史。

日本的佛教建筑为什么有很多中国特色？

小问题

世界上最大的寺庙是哪一座？

朋友，下文中所说的吴哥是一个地名，它是高棉人（柬埔寨人口最多的民族）的精神中心和宗教中心，也就是公元9–15世纪东南亚高棉王国的都城。

吴哥王朝辉煌鼎盛于11世纪，一度是称雄中南半岛的大帝国，也是柬埔寨文化发展史上的一个高峰。吴哥王朝先后有25位国王，而历代国王都大兴土木，因此留下许多带有印度教与佛教建筑风格的寺塔。其中

吴 哥 窟

吴哥窟周围有护城河围绕

保存比较完好的就是吴哥窟。

　　吴哥窟也叫小吴哥，建筑面积达 195 万平方米，是世界上最大的寺庙。在里面供奉着毗湿奴，建于公元 12 世纪前半叶，是吴哥王朝极盛时期的代表作。苏利亚拔摩二世在位时，动用了 30 万名劳工，用了 30 亿吨石头，历时 37 年才建成。因为里面有塔，所以也称塔城。

　　吴哥窟周围有护城河环绕。它的庭院宽敞，大门向西开，喻示西方乃极乐世界。寺的主体建筑在一个石基上，宏伟壮观，分为三层，大约有二十层楼高。底层有 565 米长的石道和 1000 平方米的精美浮雕组成的长廊，题材有印度的两大史诗《罗摩衍娜》和《摩诃婆罗多》，还有苏利亚拔摩二世的生平事迹，雕刻精美细致。二层有四个供国王沐浴的水池，还有四座小宝塔分布在二层的四角，象征着神话中的茂璐山——印度教和佛教教义中的宇宙中心和诸神之家。三层供国王朝拜之用。

吴哥古迹群

雄踞在金边西北约 310 千米处的吴哥古迹群，是柬埔寨吴哥王朝的都城遗址。现存古迹主要包括吴哥王城（大吴哥）和吴哥窟（小吴哥），它们全部用石头建构以及那精美的浮雕艺术是吴哥古迹的两大特点。

吴哥古迹始建于公元 802 年，前后用 400 多年建成，有大小各式建筑 600 余座，分布在约 45 平方千米的丛林中。吴哥王朝于 15 世纪衰败后，古迹群也在不知不觉中淹没于莽莽丛林，直到 400 多年后的 1860 年被法国博物学家发现，才重现光辉。

吴哥窟是古代佛教文化中的一颗灿烂明珠

在历史上，吴哥窟既是宗教圣地，又是文化活动中心；既是国王生前的寝宫，又是国王死后的寝陵。无论是建筑技巧，还是艺术成就都堪称奇迹。它与中国的长城、埃及的金字塔、印度尼西亚的"婆罗浮屠"，并称为"东方四大奇迹"。

吴哥窟是古代佛教文化中的一颗灿烂明珠，是世界人民的宝贵文化遗产。

柬埔寨国旗上的国徽是什么图案？

小问题

土耳其的地下城市群是谁建造的？

　　1963 年，土耳其卡巴杜西亚高原上的德林库尤村突然成为举世瞩目的一个焦点。为什么呢？原来，一位农民在他的院子里掘地时，偶然挖开了一个洞口。他架梯进入深洞，通过八层通道，竟发现了一个规模宏大的地下迷宫！

　　两年之后，随着考古发掘的进展，又一个相同规模的迷宫在凯梅克里附近被挖掘出来。这座"地下城"同德林库尤村的"地下

土耳其卡巴杜西亚高原

地 下 城

城"是双连体，有一条 10 千米长的地道把两个"地下城"连接起来。如果不是亲见，真是很难想象古人花费了多少人力、财力来挖掘这些洞窟。

然而这还没有结束，近年来，卡巴杜西亚发现的"地下城"已有好几十座，专家估计，这里的"地下城"有 100 座之多。而更早以前，卡巴杜西亚已经发现了成千座岩洞教堂和地下教堂。这些教堂在岩石山上或悬崖上凿成，几乎把戈雷海谷每一个尖岩都挖空了。岩石被巧妙地琢成拱门、圆柱、拱顶、石阶，岩壁装饰着线纹与图案，壁画栩栩如生，交织着圣经故事、东方宗教与民间传说。教堂里的祭坛、餐桌、座椅、床铺、茶具等都用石头凿成。

在坚硬的岩石上，完全用手工凿出如此规模的"地下城"是一项巨大的工程。其他的不算，仅从地下清运出的石块、石渣就是一个惊人的数量。能够有组织开凿"地下城"的，一定是古代强盛的国家或民族。但是，关于卡巴杜西亚人的穴居与消失，"地下城"的开凿与辉煌，史书竟然无一记载。这不能不让人产生极大疑惑：究竟是谁、为什么开凿"地下城"呢？

有学者猜测，卡巴杜西亚人并不是当地

地下城镇的设施

第一个被发现的地下城镇下面有好几层，都有梯子可攀登。里面有无数的住宅和礼拜堂，有水井和食品仓库，还有 52 个通风管道、墓地、供疏散用的地道。整个城镇可容纳 2 万个家庭，依赖所有的储存，可以安全地生活好几个月。

地下城有好几层

　　的原住民，而是从远处避难而来的。他们在这里依山而居，渐渐地站稳了脚跟，进而由山岩延伸到地下，随着人员与建筑的增加，形成了规模宏伟的"地下城"。

　　也有学者认为，公元 610 – 1204 年，罗马帝国东部分化出一个拜占庭帝国，奉行的是基督教，并以土耳其为基地。卡巴杜西亚人受拜占庭统治，并皈依了基督教。由于宗教战争，拜占庭并不太平，但卡巴杜西亚因地理位置的关系，相对比较安全。于是，大批虔诚的基督徒与教士纷纷来到这里避难，这里逐渐成为一个宗教"圣地"。

　　考古学家研究表明，卡巴杜西亚人的消失，是在拜占庭灭亡、穆斯林统治土耳其之时。估计他们是去寻找适合基督教徒生存的地方，放弃了建造了数百年的"地下城"，时间发生在 12 世纪末、13 世纪初。由于史料的缺乏，卡巴杜西亚人的"地下城"迄今仍是一个谜，已取得的一些研究成果只能属于推测。

小问题

为什么"地下城"的开凿在史书上竟无记载呢？

东京帝国饭店为什么能够抗震？

　　在 1890 年开业的东京帝国饭店，是日本最具代表性的百年饭店。由于它的历史悠久、设施豪华，在东京众多的高档宾馆中有着特殊的地位。这座饭店位于东京都千代田区，紧邻皇居和日比谷公园。据说，建造时是为了迎接外宾而采用西式建筑的，百年来历经了几次改建。

　　东京帝国饭店的设计者是美国著名的建筑师弗兰克律德·赖特，草原学派的创始

东京帝国饭店

东京皇宫

人。1915年，赖特被请到日本设计东京的帝国饭店。

　　这是一个层数不高的豪华饭店，平面大体为H形，有许多内部庭院。建筑的墙面是砖砌的，但是用了大量的石刻装饰，使建筑显得复杂、热闹。饭店从建筑风格来说是西方和日本的混合，而在装饰图案中又夹有墨西哥传统艺术的某些特征。

　　特别使帝国饭店和赖特本人获得声誉的是这座建筑在结构上的成功。日本是多地震的国家，赖特和参与设计的工程师采取了一些新的抗震措施,连庭园中的水池也考虑到可以兼作消防水源之用。帝国饭店在1922年建成,1923年东京发生了大地震,周围的大批房屋震倒了,帝国饭店经住了考验并在火海中成为一个安全岛,保全了上百人的生命。

赖特是如何解决帝国饭店的抗震问题呢?他用建筑的布局结合建筑的内容,很成功地解决了这一棘手的问题。赖特把整个建筑平面铺在软木基础上,如同铺在液态的泥

美国建筑师赖特

美国建筑师赖特(1867-1959)的主要作品有:东京帝国饭店、纽约拉金大厦、古根海姆博物馆、流水别墅、约翰逊蜡烛公司总部、西塔里埃森、普赖斯大厦、佛罗里达南方学院教堂等。赖特的建筑设计达到了出神入化的境界,他被尊为世界空间大师。赖特最后的设计之一,也是他最大胆的设计,是伊利诺伊大厦,大约有1600米高,这简直可以说是空间时代的创举。假如大厦真的建成,将比现在世界最高的建筑——阿联酋的哈利法塔(828米)还要高将近1倍!

东京日比谷公园

土之上。由于无法找到坚实的地基支撑，赖特决定在土床上"漂浮"建筑的基础，这比筑下很深的地下坚实支撑要好得多。他把整栋建筑划分成许多独立的部分，在建筑之间做了很多"沉降缝"，断开的建筑如果有不均匀沉降的话，每一部分是独立的，减少了破坏性的应力集中。断开部分一般为 20 米见方，地震时按照分块裂开，由此保证了建筑的抗震性能。赖特的这种设计真是一项天才的突破。

在日本设计抗震式建筑有什么特殊意义？

小问题

第二篇
欧洲著名建筑

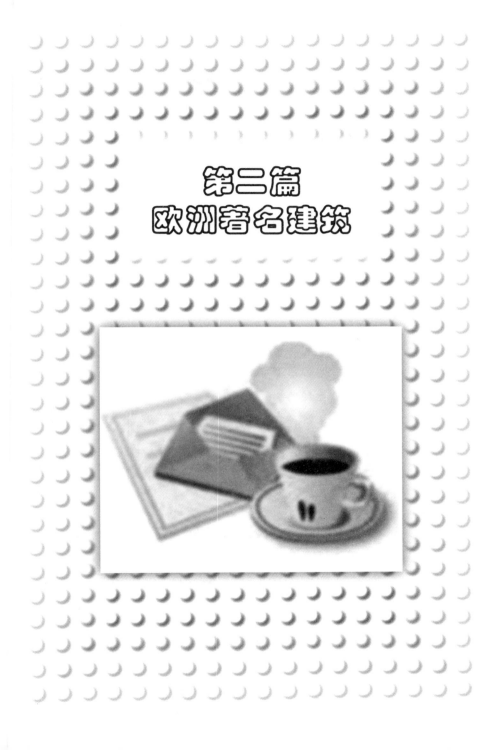

宙斯神殿与奥林匹克运动有何关系？

古希腊对神的崇拜常常以建筑、雕塑等艺术的方式体现。公元前457年，在第一届奥林匹克运动会（公元前776年）的举办地——希腊奥林匹亚城，一座巨大的雕像完工了，这就是宙斯神像。这座神像足足建造了10年。

宙斯是古希腊神话中的众神之神，罗马神话中称为朱庇特。为表示崇拜，古希腊人为祭奠宙斯修建了许多神殿，其中以奥林匹亚城的宙斯神殿最为有名。殿内的宙斯巨像堪称世界上最大的室内雕像，是"上古世界七大奇迹"之一。据说，后来有一部分奥运比赛曾在此举行。

宙斯神殿是多利斯式建筑，以表面铺上灰泥的石灰岩建成，殿顶使用大理石。神殿长107.75米，宽41.1米，共由34根高17米的科林斯式支柱支撑。

宙斯的巨像由古希腊著名的雕塑家、建筑艺术家菲狄亚斯用黄金和象牙雕成，高达14米，相当于4层高的现代楼宇，用如此昂

宙斯神殿遗迹

贵的材质来建造如此巨大的神像是举世罕见的。

据记载，宙斯坐在雕满花纹和镶满宝石的宝座上，头部差不多挨着神殿顶部，宝座以狮身人面像、胜利女神和其他神话人物装饰。他头戴黄金制成的橄榄叶状花环，黄金细丝制成了头发和胡须。一双眼睛炯炯有神，是用宝石镶嵌而成的。他的胸膛健美宽阔，用象牙雕成。神像的右手上托着一座也是用象牙和黄金雕成的胜利女神像；左手拿着一把镶有金属的权杖，上面站着一只鹰。

宙斯神像比例匀称，体现了古希腊人高超的艺术水平。有一个有趣的传说，说在修建雕像的过程中，菲狄亚斯曾专程到奥林匹斯山，问宙斯对他的塑像是否满意。作为回答，天神降下了霹雳闪电，劈裂了神殿的走廊。看来，神仙也讨厌"形式主义"呢！

公元 5 年，宙斯神殿被一场大火摧毁。出于安全的考虑，幸免于难的宙斯神像被运到了君士坦丁堡。可终归是厄运难逃，公元 462 年又一场大火，将宙斯神像彻底焚毁。也有人说，是因为公元 523－551 年奥林匹亚地区发生过两次强烈地震，神殿被毁，巨像散

宙斯巨像的神韵

为了寻找宙斯巨像的遗迹，考古工作者在神庙遗址进行了多年的发掘，在多得不可胜数的残片中，辨认出了许多巨像的碎片。经过仔细拼合和复原，残片已经能够依稀现出宙斯巨像的原貌，这一珍贵文物现藏于希腊博物馆。还有，只要我们阅读一下大旅行家鲍桑尼斯的描写，再观察一下希腊古钱币上的宙斯像，也大略可以想象到巨像的神韵。

宙斯神殿的内景复原图

落。不管怎么说，今天我们能看到的就只有奥林匹亚城宙斯神殿的断壁残垣了。

人们为什么建造了宙斯巨像？

小问题

胜利女神庙是运用何种技术修复的？

　　雅典娜胜利女神庙建于公元前449－前421年，采用爱奥尼亚柱式，前后柱廊雕饰精美，是居住在雅典的多利亚人与爱奥尼亚人共同创造的建筑艺术的结晶。胜利女神通常以插有双翼的形象出现。传说雅典人为了将胜利女神永远留在他们那里，塑了没有翼的女神像。

　　在17世纪70年代，神庙还完整地屹立

雅典娜神庙遗迹

手持胜利女神和盾牌的雅典娜雕像

在海岬边。1687 年，土耳其人在战争中无知
地拆毁了这座建筑。1835 年，考古学家在这
里收集了无数大理石碎片，在幸存的完整地
基上拼凑起了神庙遗址。这次修复在考古学
上极有意义，它第一次运用了混合恢复技
术。特点是尽力使用建筑的原始建设方法来
修复，除了残石之外，还运用了许多现代材
料，但它们之间的区别是一目了然的，这样

便于人们更好地欣赏古迹。

　　这座风格高雅的神庙属于四柱式的廊柱式建筑，也就是说，它的正面和背面各拥有四根圆柱，圆柱的柱基被安置在从地面向上的第一级石级上，连接各圆柱底部的是一组饰有浅浮雕的大理石栏。大理石是从潘太里科山上采来的，由此山命名。神庙的三面筑

雅典与雅典娜

　　雅典是用智慧女神雅典娜的名字命名的历史古城。相传希腊古时候，智慧女神雅典娜与海神波赛冬为争夺雅典的保护神地位，相持不下。后来，主神宙斯决定：谁能给人类一件有用的东西，城就归谁。海神赐给人类一匹象征战争的壮马，而智慧女神雅典娜献给人类一棵枝叶繁茂、果实累累、象征和平的油橄榄树。人们渴望和平，不要战争，结果这座城归了女神雅典娜。从此，她成为雅典的保护神，雅典因之得名。后来人们就把雅典视为"酷爱和平之城"。

雅典娜神庙属于四柱式的廊柱式建筑

有围墙，只有东面为入口。神庙的整体曾用一条有高浮雕的楣饰联结，楣饰表现的是雅典人同波斯人的战斗情景。在雅典卫城博物馆中，可以欣赏到许多浮雕的原作。

小问题

人类为什么不喜欢壮马而喜欢油橄榄树？

罗马斗兽场的建造速度为何很快？

　　朋友，你知道吗？罗马斗兽场原名弗莱文圆形剧场，位于今天的意大利罗马市中心，是古罗马时期最大的圆形角斗场，建于公元 70－82 年间，现仅存遗迹。它是古罗马帝国标志性的建筑物，被后人评为"中古世界七大奇迹"之一。

　　斗兽场是古罗马最大的独立建筑。它的建造速度比其他任何皇家工程都快。它是无数奴隶的血汗和建筑师的智慧的结晶。

　　当时，古罗马的统治者韦斯巴芗已经六十多岁了，他特别希望在自己去世之前能够在斗兽场壮观的开幕式上荣耀一番。公元 70 年，他征服耶路撒冷后带回了 10 万奴隶，其中 3 万人被分派建造斗兽场。除奴隶之外，韦斯巴芗还征召了罗马最优秀的工匠，工程的每一个细节都规划得十分精确。

　　罗马人具有建设大型工程的组织才能，他们能把劳动大军分成规模适中的单位，用一种准军事方式把他们组织起来，命令他们同时干活，就像是几百个或几千个小建筑公

斗兽场是古罗马最大的独立建筑

司在全城各处同时施工一样。

建筑现场分成四支队伍，每支队伍负责整个工程的四分之一。工匠们先是围绕着七个同心圆排列上坚固的石墩，然后围绕着这些石墩展开建设。斗兽场的每一个圆圈上有80个石柱，它们是整体的承重设施。而穹顶和拱把石墩连接起来，组成天衣无缝的楼梯和人行道网。

斗兽场巨大的石墩是用石灰华建造的。石灰华是一种非常坚硬的沉积岩。此外，还从外地运进了 15 万吨最好的大理石。

罗马人用的水泥是一种非常特殊的材料。一旦粘连，它的强度增加得非常快，在水下能凝固，是一种"水硬材料"。古罗马水泥的强固能持续很长时间，寿命竟然高达 2000 年。

在 20 世纪 80 年代初,人们曾试验用它作储存核废料的材料。古罗马帝国灭亡后,水泥生产的秘密也随之失传,直到文艺复兴时才被重新发现。

到了公元 79 年,古罗马斗兽场已有两层完工了。但韦斯巴芗并没有实现他的梦想,不管他怎么威逼利诱,还是没能等到斗兽场落成就命归黄泉。他的长子提图斯主持了竣工典礼,场面之盛大,使整个罗马感到震惊。

出于对荣誉的渴望,提图斯像他的父亲一样,把建成古罗马斗兽场看作是头等大事。

斗兽场建筑形态的起源

斗兽场这种建筑形态起源于古希腊时期的剧场,当时的剧场都傍山而建,呈半圆形,观众席就在山坡上层层升起。但是到了古罗马时期,人们开始利用拱券结构将观众席架起来,并将两个半圆形的剧场对接起来,因此形成了所谓的圆形剧场,并且不再需要靠山而建了。而古罗马斗兽场就是罗马帝国内规模最大的一个椭圆形角斗场,中央为表演区,外面围着层层看台。整个斗兽场最多可容纳 5 万人,却因入场设计周到而不会出现拥堵混乱,这种入场的设计在今天的大型体育场依然沿用。

古罗马斗兽场的外景

不到一年的时间，他几乎把所有的构架工程都完成了。公元80年，他在斗兽场远没有竣工的情况下，下令举行落成典礼。这时，整个建筑占地2.4万平方米，长189米，宽155米。

　　斗兽场是古罗马举行人兽表演的地方，参加的角斗士要与一只野兽搏斗直到一方死亡为止，也有人与人之间的搏斗。据记载，斗兽场建成时，罗马人举行了为期100天的庆祝活动，宰杀了9000只牲畜、上百只猛兽，有2000多名斗剑士因而丧命。真可谓是歇斯底里的狂欢。然而，今天，斗兽场只剩下残垣断壁诉说着历史的沧桑。

斗兽场的建筑形态对后人有什么启示？

小问题

比萨斜塔为什么世界闻名？

比萨城位于意大利佛罗伦萨西北方向，在历史上是个海滨城市。

朋友，你知道吗，这座城市的名气在很大程度上是受惠于比萨斜塔。

其实建筑师们不想让比萨塔倾斜。然而，在1173年动工，工程进行至第3层时，建筑师发现由于地基、建筑结构等原因，塔身出现了倾斜，于是被迫停工了。

近一个世纪后，另一位著名建筑师接手续建，建至第7层时，他曾经设法纠正塔身倾斜度，但失败了。1284年，一位建筑师再次测量计算，认为该塔虽然倾斜度大，但尚无倒塌危险，于是接手续建，加盖了塔的最高一层，并对这一层做了矫正，让它向塔的中心线歪过去了一点，前后经过177年，经历两次停工、续建，钟楼终于在1350年建成。就这样，比萨塔戏剧性地建成了。

然而，好戏才刚刚开场。自钟楼建成后，建筑师测量发现，塔身继续向南倾斜，经过多年的缓慢倾斜，塔顶中心线偏离垂直

比萨斜塔完全由白色大理石筑成

中心线竟达 2.1 米，但却屹立不倒，创造了世界建筑史上"斜而不倒"的奇迹。比萨斜塔获得了"中古世界七大奇迹"的称号，可谓是"歪打正着"。

比萨斜塔为 8 层圆柱形建筑，全部用白色大理石砌成，塔高 54.5 米，塔体总重量达 1.42 万吨。在底层有圆柱 15 根，中间 6 层各 31 根，顶层 12 根，每根柱的顶部都装饰着兽头像，这些圆形石柱自下而上一起构成了 8 重 213 个拱形券门。顶层更为精雕细琢，如一顶皇冠盖在顶上。整个建筑的造型古朴而灵巧，为罗马式建筑艺术之典范。钟置于斜塔顶层。塔内有螺旋式阶梯 294 级，游人由此登上塔顶或各层环廊，可尽览比萨城区风光。

　　1972 年 10 月，意大利发生的一次大地震，使斜塔受到了强大的冲击，整个塔身大幅度摇晃达 22 分钟之久，极其危险。幸运的是，该塔仍然屹立不倒。

　　为了确保游人的安全，同时保护这一罕见的古迹避免因过度倾斜而倒塌，意大利政府不得不于 1990 年开始进行加固和纠偏。此次工程令塔顶中心点偏离垂直中心线不超过 4.5 米，比拯救前减少 43.8 厘米，倾斜度亦恢复至 18 世纪末的水平。2001 年 12 月，小镇钟楼的钟声响起，斜塔重新开放。游客再次踏上阶

伽利略与比萨斜塔

　　比萨斜塔原是宗教建筑物的一部分。12 世纪初，比萨大教堂建成，按照建筑群的总体规划需要建造钟楼作配套，于是建造了此塔。塔里面有 294 级台阶，直通塔顶。1589 年，意大利的物理学家伽利略曾在比萨斜塔上做过有名的自由落体运动实验，推翻了古希腊学者在一千多年前宣布的一条"定律"：不同重量的物体，落地的速度也不同。

比萨斜塔

梯，从顶端俯瞰塔外四周和塔内的景致。

　　对比萨斜塔的研究从来没有停止过，人们从塔的建筑材料、结构、地质、水源等方面进行充分的研究，并采用各种先进的仪器设备进行测试。有些研究专家指出，建造塔身的每一块石砖都是一块石雕佳品，石砖与石砖间的黏合极为巧妙，有效地防止了塔身倾斜引起的断裂，成为斜塔斜而不倒的一个因素。基于对比萨斜塔倾斜却不倒的研究，人们也提出了一系列保持比萨斜塔现有倾斜度、令塔身不再继续倾斜的方案。为防止斜塔继续倾斜，当局在斜塔北侧的塔基下码放了数百吨重的铅块，并使用钢丝绳从斜塔的腰部向北侧拽住，还抽走了斜塔北侧的许多淤泥，并在塔基地下打入 10 根 50 米长的钢柱。今天看来，意大利政府所采取的种种措施颇具成效，比萨斜塔暂时摆脱了倒塌的危机。

还有些音乐学家在这里研究比萨斜塔的音响效应，他们发现，塔内的音响共鸣及反射效果都绝佳；内墙壁表面的反射角度的设计，似乎是专为提高音响效果。于是，他们得出一个结论：比萨斜塔是文艺复兴时代的建筑师，刻意模仿教堂风琴的发音管原理建成的"巨型乐器"，目的是将广场、教堂和这支 54.5 米高的"音乐管"配套成一个巨型音乐广场。这项研究可谓别出心裁，引起了人们浓厚的兴趣。然而，事实又是否真的如此呢？那我们就不得而知了。

你认为比萨斜塔为什么斜而不倒？

小问题

巴黎凯旋门是为什么而修建的？

　　法国巴黎的凯旋门举世闻名，是巴黎的象征之一。巴黎有四五个凯旋门。其中，最著名的是位于巴黎市区戴高乐广场中央的那座。它是为了纪念拿破仑在奥斯特里茨战役中大败奥俄联军的胜利而兴建的，设计者是著名建筑师夏尔格兰，建造历时30年，于1836年竣工。

　　凯旋门是名副其实的艺术品。恰如其

巴黎凯旋门

凯旋门右侧浮雕《马赛曲》

名，它是一座迎接获胜归来的军队的凯旋之门，是现今世界上最大的一座圆拱门，也是世界上最早建设的凯旋门式建筑物。凯旋门的四周都有门，门内刻有跟随拿破仑远征的数百名将军的名字，门上刻有 1792－1815 年间的法国战事史。

现在，经过现代化的改造，凯旋门的拱门上可以乘电梯或登石梯上去。石梯共 273 级，上去后第一站有一个小型的历史博物馆，里面陈列着介绍凯旋门建筑史的图片。另外，还有两间配有英法语言解说的电影放映室，专门放映一些反映巴黎历史变迁的资料片。人们也可以走上凯旋门的顶部平台，鸟瞰巴黎名胜。

拱门下方是一座无名英雄战士的坟墓，代表战争中战死沙场的一百五十多万名法国士兵。墓前有一束不灭之火，象征法国世代蓬勃。经常有法国市民来送上鲜花致敬。

每年国庆日，凯旋门都会举行盛大隆重的国庆典礼。在第一次世界大战和第二次世界大战胜利的时候，法国军队气宇轩昂地从

凯旋门的浮雕

巴黎凯旋门复古的全石质建筑体上布满了精美的雕刻。凯旋门中心拱顶内装饰着 111 块宣扬拿破仑赫赫战功的上百场战役的浮雕，精美动人。在它面向香榭丽舍大道的门楣上有两个著名的花饰浮雕：右侧门柱上的那个展翅的自由女神后跟随着朝气蓬勃出战的战士的雕塑是《志愿军出发远征》，即著名的《马赛曲》；另一个《拿破仑凯旋》，表现了拿破仑大捷归来后举行庆祝胜利仪式的欢腾场面。这两个不朽艺术杰作在世界美术史上都占有重要的一席之地。

61

香榭丽舍大街与远处的凯旋门

这座门下经过。第二次世界大战中德国法西斯肆虐的时候，巴黎人民曾用铁链封锁住凯旋门，使他们不能从这儿进来。现在，每逢国庆，法国总统都要通过凯旋门。

据说这座凯旋门还有一个奇特的地方，就是每当拿破仑忌日的黄昏，从香榭丽舍大街向西望去，一团落日恰好映在凯旋门的拱形门圈里。

小问题

凯旋门为什么会成为现今法国爱国主义的标志？

巴黎圣母院的建筑特色是什么？

在很多人的心目中，巴黎圣母院驰名世界，和法国大文豪雨果的小说《巴黎圣母院》有很大关系。它是早期哥特式建筑最伟大的杰作，不仅因为雨果的小说，更因为它是巴黎最古老、最华丽的教堂而名扬于世。大作家雨果将它形容为"石头的交响乐"。

巴黎圣母院坐落在塞纳河中的城岛上，始建于1163年，历时约150年，直到1320年

巴黎圣母院

巴黎圣母院的哥特式拱门

才建成。到了 19 世纪，又在后面加建了尖塔。巴黎圣母院是一座典型的哥特式教堂。

这座圣母院的最大特点是建筑显得高而尖，大多由竖直的线条构成。屋顶、塔楼等所有顶端都筑有尖塔，那高达 90 米的主尖塔及其两侧高达 69 米的钟楼，更是以显赫的方式彰显了天主的威严。

圣母院的正面是立方形，分三层。底层并排有三个桃形门拱，绕门拱的弧形由长串浮雕组成，浮雕上方是一长条壁龛，也称"国王长廊"，往上一层的中央是一扇巨型花瓣格子圆窗，再上面的梅花拱廊以一排细小的雕花圆柱支撑着一层笨重的平台，把两侧伟岸的钟楼连成一个和谐的宏大整体。

圣母院有三重哥特式拱门，门上是犹太和以色列的28位国王的全身像。院内外都装饰着许多精美的雕刻，栏杆上也分别饰有不同形象的魔鬼雕像，状似奇禽异兽。这些雕塑因为想象奇特、活灵活现而引起众多文学家的遐想。

从正门进入，是长方形的大教堂，堂内正殿高于两旁附属结构。屋脊处兀立着一座尖塔，顶端是一个细长十字架。堂内大厅可容纳上千人同时做礼拜，堂前祭坛中央供着天使与圣女围绕着殉难后的耶稣的大理石雕

巴黎圣母院的建筑结构

巴黎圣母院是一座典型的"哥特式"教堂，之所以闻名于世，主要因为它是欧洲建筑史上一个划时代的标志。圣母院的正外立面风格独特，结构严谨，看上去十分雄伟庄严。在它之前，教堂建筑大多数笨重粗俗，沉重的拱顶、粗矮的柱子、厚实的墙壁、阴暗的空间，使人感到压抑。巴黎圣母院冲破了旧的束缚，创造一种全新的、轻巧的骨架券，这种结构使拱顶变轻了，空间升高了，光线充足了。这种独特的建筑风格很快在欧洲传播开来。

巴黎圣母院位于塞纳河畔

塑，回廊、墙壁、门窗布满雕塑和绘画，还点缀有鲜艳的彩色玻璃。

圣母院所有屋顶、塔楼、扶壁等的上部都用尖塔作装饰，拱顶轻、空间大，开创了欧洲建筑史上的一代新风。

几百年来，它一直是法国宗教、政治和民众生活中重大事件和典礼仪式的举办场所。

小问题

哥特式建筑的最重要特征就在"高直"二字，所以也有人称这种建筑为高直式。你知道"哥特"的来历吗？

埃菲尔铁塔的名称是怎么来的？

如果说巴黎圣母院是古代巴黎的象征，那么埃菲尔铁塔就是现代巴黎的标志。

1889年，法国大革命100周年，法国政府决定隆重庆祝，在巴黎举行一次规模空前的世界博览会，以展示工业技术和文化方面的成就，并建造一座象征法国革命和巴黎的纪念碑。筹委会本来希望建造一所古典式的，有雕像、碑体、园林和庙堂的纪念性群体，但最后的结果出人意料：在七百多件应征方案里，桥梁工程师埃菲尔的设计脱颖而出，他的作品是一座象征机器文明、在巴黎任何角落都能望见的巨塔。

埃菲尔本人为设计铁塔费尽心血，仅设计图纸就画了五千多张。不过值得欣慰的是，这些宝贵的资料至今仍妥善地保存在巴黎。在紧张的施工过程中，埃菲尔攻克了一个个技术上的难关，历时26个月建成了这座高达300米的铁塔。铁塔巍然矗立在市中心塞纳河右岸的战神广场上，为了纪念这位设计师，人们就把它称为埃菲尔铁塔。

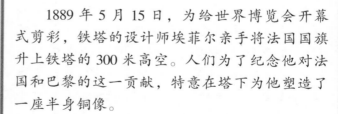

巴黎埃菲尔铁塔

　　1889 年 5 月 15 日，为给世界博览会开幕式剪彩，铁塔的设计师埃菲尔亲手将法国国旗升上铁塔的 300 米高空。人们为了纪念他对法国和巴黎的这一贡献，特意在塔下为他塑造了一座半身铜像。

　　占地约 1 万平方米的塔基像一座平地而起的铁杯，四脚挺立，十分稳固。全部钢架镂空结构的塔身重达 9000 吨，靠 250 万颗铆钉铆成一体。从地面到塔顶有电梯和 1710 级阶梯（最早电梯是用蒸汽机推动的），还有一个旋转的灯标直插云端，气势磅礴，象征着法国大革命的伟大和崇高。全塔共分三层，每层有平台高栏，第三层建筑结构猛然收缩，直指苍穹，从一侧远望，好似倒写的英文大写字母"Y"。

作为世界驰名的钢铁建筑，埃菲尔铁

埃菲尔铁塔的遭遇

同巴黎所有的创新建筑一样，埃菲尔铁塔一开始即遭到了大部分巴黎人的冷淡和拒绝，建筑和城市规划专家更是用尖刻的语言进行批评。铁塔的设计者埃菲尔宣称"法兰西将是全世界唯一将国旗悬挂在三百米高空中的国家"，但根本无法说服各阶层反铁塔人士。《泰晤士报》上甚至刊登了由 300 人签名的呼吁书反对埃菲尔的设计方案，即使在铁塔落成之后，批评的声浪也并未停息。只是由于铁塔在第一次世界大战中在无线电通讯联络方面作出了重大贡献，才使反对者的呼声逐渐平息。然而，直到今天，还有人称铁塔是巴黎的一个怪物。

埃菲尔铁塔塔基

塔设计离奇独特，是世界建筑史上的技术杰作，因而成为法国和巴黎的一个重要景点和突出标志。它几乎接待过欧洲所有的国家元首和许多世界闻名的人物。

你怎样看待埃菲尔铁塔由遭受尖锐批评到享有盛名的经历？

小问题

米拉公寓和马赛公寓的风格有何不同？

　　米拉公寓位于西班牙东北部的巴塞罗那，是国际建筑界公认的将古代文明和现代文明结合最完美的城市建筑之一。这座公寓始建于 1906 年，1910 年完工。设计师是西班牙著名的安东尼奥·高迪。

　　米拉公寓位于巴塞罗那街道转角，地面以上共六层。墙面凸凹不平，墙线曲折弯扭，屋檐和屋脊有高有低，呈蛇形曲线。一眼看去，建筑物造型仿佛是一块被海水长期侵蚀又经风化布满孔洞的岩体，墙体本身也

米拉公寓

71

米拉公寓的阳台

像波涛汹涌的海面，富有动感。

公寓的阳台栏杆由扭曲回绕的铁条和铁板构成，犹如挂在岩体上的一簇簇杂乱的海草。房间的平面形状也全部打破传统方方正正的形状，居然没有一处是矩形的。屋顶上有六个大尖顶和若干小的突出物体，其造型有的似怪兽，有的如螺旋体，还有的像花蕾、骷髅、天外来客。

无独有偶，马赛公寓也是一座卓尔不群的建筑。

马赛公寓位于法国马赛市郊，设计者为建筑师勒·柯布西耶，始建于1946年，1952年建成。它是勒·柯布西耶的代表作之一。

这座公寓式住宅是勒·柯布西耶理想的现代化城市中"居住单位"设想的第一次尝试。

勒·柯布西耶认为，建筑是居住的机器。

因此，他的建筑革命是追求以几何形、立体形为主的纯净形式，让房屋能像机器大规模生产，以满足居住的要求。为此，他设计的马赛公寓包括多种户型，从单身户型到有8个孩子的家庭户型共有32种。

在勒·柯布西耶看来，城市可以保持这样一种状况，即中心区有巨大的摩天大楼，外围是高层的楼房，楼房之间有大片的绿地，现代化的整齐的道路网布置在不同标高的平面上，人们生活在"居住单位"中。一个"居住单位"几乎可以包含一个居住小区

高迪的探索

高迪是在建筑艺术创新中勇于开辟道路的人，他以浪漫主义的幻想极力使塑性艺术渗透到三维空间的建筑中去。在米拉公寓的设计中，他发挥想象力，让伊斯兰建筑的风格与哥特式建筑的结构特点相结合，精心探索了他独创的塑性建筑模型。由于高迪的出色工作，米拉公寓深受人们推崇，成为世界建筑史上的经典建筑之一。

勒·柯布西耶设计的马赛公寓

的内容，设有各种生活福利设施，一栋建筑就成为一个城市的基本单位。

马赛公寓可以容纳 337 户，约 1600 人居住，是世界上第一座全部用预制混凝土外墙板覆面的大型建筑物，主体是现浇钢筋混凝土结构。现浇混凝土模板拆除后，表面没有进行任何处理，让粗糙地表现人工操作痕迹的混凝土暴露在外，展现出了一种粗犷、原始、朴实和敦厚的艺术效果，因此马赛公寓被称为"粗野主义"的始祖。

从马赛公寓的建筑风格中，我们可以看出它对于传统建筑风格有什么突破？

小问题

包豪斯校舍的建筑设计有什么特点？

　　1919 年，包豪斯设计学院在德国魏玛开学，它是世界上第一所完全为发展设计教育而建立的学院，由德国著名的建筑师瓦尔特·格罗皮乌斯创立，并于 20 世纪 20 年代成为德国现代设计中心。

　　这所学院的校舍是一组著名的建筑群。它由教学楼、实习工厂和学生宿舍三部分组成。各部分之间根据使用功能而组合成既分

包豪斯校舍

包豪斯学院的教师住宅楼

包豪斯学院的教师住宅楼是格罗皮乌斯设计的，具有高度的功能主义和理性主义的特点。住宅采用钢筋混凝土预制构件，结构简单，两层空间互相错落，具有良好的居住和生活功能。这些特点使其成为 20 世纪现代建筑的杰出代表。

又合的群体——既独立分区，又方便联系。

教学楼与实习工厂均为四层，占地最多；宿舍在另一端，高六层，连接教学楼和宿舍的是两层的饭厅兼礼堂。居于群体中枢并连接各部的是行政、教师办公室和图书馆。建筑占地面积为 2630 平方米。

这样不同高低的形体组合在一起，既创造了在行进中观赏建筑群体给人带来的时空感受，又表达了建筑物相互之间的有机关系，裹体现出"包豪斯"的设计特点：重视空间设计，强调功能与结构效能，把建筑美学同建筑的目的性、材料性能、经济性与建造的

包豪斯校舍

精美直接联系起来。

　　这座校舍对现代建筑的发展产生过极大的影响。以包豪斯为基地，20世纪20年代形成了现代建筑中的一个重要派别——现代主义建筑，主张适应现代大工业生产和生活需要，讲求建筑功能、技术和经济效益。1931年落成的纽约帝国大厦和1958年落成的纽约西格拉姆大厦都是现代主义建筑的代表作。

现代主义建筑的代表作有哪些？

小问题

朗香教堂的造型奇特体现在哪里？

朗香教堂位于法国东部浮日山区的一个小山顶上，是由勒·柯布西耶设计的。教堂规模不大，只能容纳二百余人。但教堂前却有个可容万人的场地，供宗教节日时来此朝拜的教徒使用。它始建于1950年，1953年完工，对西方"现代建筑"的发展产生了重大的影响。

勒·柯布西耶的设计摒弃了传统教堂模式和现代建筑的一般手法，他干脆把教堂当

朗香教堂全景

建筑奇想

倾斜的墙面和窗体

作一件混凝土雕塑作品来塑造。这就使得教堂呈现出一派与以往教堂迥然不同的风貌。这座建筑代表了勒·柯布西耶创作风格的转变，从理性主义转到了浪漫主义和神秘主义。

勒·柯布西耶用一个曲率复杂的黑色屋顶覆盖在弯曲的墙面上，由于它的曲面卷曲向上，好像是飘浮在墙面上一样。南面的墙被称为"光墙"，这个墙体很厚，上面留有一些不规则的空洞，室外开口小，室内开口大，比例奇特。靠外墙的部分装着教堂里常用的彩色玻璃。这种风格使教堂兼具了一些图书馆式的风格。

墙体和屋顶的连接不是无缝的，而是有一定间隙，三个弧形塔把屋顶的自然光引入室内，这些做法使室内具有非常奇特的光线效果，产生了一种神秘感。容纳 50 个人的主礼拜堂位于东面，这和基督教教义相吻合。

教堂造型奇异，几乎所有的平面都是不规则的。墙体大多弯曲，有的还倾斜。塔楼式的祈祷室像粮仓。沉重的屋顶向上翻卷着，它与墙体之间留有一条 40 厘米高的带形空隙。粗糙的白色墙面上开着大大小小的方

勒·柯布西耶

勒·柯布西耶，瑞士画家、建筑师、城市规划家和作家，20 世纪最著名的建筑大师。他丰富多变的作品和充满激情的建筑哲学，深刻地影响了 20 世纪的城市面貌和当代人的生活方式。从早年的白色系列的别墅建筑、马赛公寓到朗香教堂，从巴黎改建规划到昌加尔新城，从《走向新建筑》到《模度》，他不断变化的建筑与城市思想，始终将他的追随者远远地抛在身后。

勒·柯布西耶是现代建筑史上一座难以逾越的高峰，一个取之不尽的建筑思想的源泉。

朗香教堂内部

形或矩形的窗洞，上面嵌着彩色玻璃。入口在卷曲墙面与塔楼交接的夹缝处。室内主要空间也不规则，墙面呈弧线形。

它突破了几千年来天主教堂的所有形制，扭曲混沌，超常变形，怪诞神秘，如岩石般稳重地矗立在群山环绕的山丘之上。

朗香教堂建成之时，即获得世界建筑界的广泛赞誉。它表现了柯布西耶后期对建筑艺术的特殊理解和娴熟的驾驭体形技艺。无论教徒们赞同与否，他们都得承认勒·柯布西耶非凡的艺术想象力和创造力。

勒·柯布西耶另一纯粹主义的杰作是萨伏伊别墅，这座别墅被认为是现代建筑运动中杰出的代表作。

萨伏伊别墅位于法国巴黎近郊的普瓦西，整个宅基为矩形，长约22.5米，宽约20米。别墅的建筑是一个三层的钢筋混凝土框架结构，平面和空间布局自由，空间相互穿插，内外彼此贯通。奇特的是，别墅的室内室外都没有装饰线条，只用了一些曲线形墙体以增加变化。这使别墅像一个白色的方盒子被细柱支起。别墅的水平长窗平展舒阔，外墙光洁，无任何装饰，但光影变化丰富。

萨伏伊别墅是独具匠心的建筑新作。它的外部形状极其简单，但是内部空间复杂，如同一个内部精巧镂空的几何体，又好像一架复杂的机器。可以说，它与欧洲传统住宅大异其趣，表现出20年代建筑运动激烈的革新精神和建筑观念。

萨伏伊别墅是一座成功的建筑。它在建筑史上的价值远远超过了它作为住宅的意义。由于它在西方现代建筑史上的重要地位，被人们誉为"现代建筑"经典作品之一。

朗香教堂和萨伏伊别墅与传统建筑相比有哪些不同之处？

小问题

蓬皮杜艺术与文化中心有什么功能？

蓬皮杜艺术与文化中心位于法国巴黎，建于 1972－1977 年，设计者为建筑师罗杰斯和皮亚诺。

这个中心位于巴黎市中心区，这个地区原先是巴黎卫生最糟糕的地区，彭皮杜艺术中心的规划最早就带有整治周边地区的意义。由于设计极其现代化，中心建成后，该地区成了巴黎最具文化品位的地区之一。

蓬皮杜艺术与文化中心全景

蓬皮杜艺术与文化中心内部的通道

中心的总面积约 10 万平方米，地上六层，地下四层。该建筑内设有工业设计中心、音乐与声学研究所、现代艺术博物馆、公共情报知识图书馆以及相应的服务设施。整个建筑被纵横交错的管道和钢架所包围，看起来和我们常见的博物馆大相径庭，感觉像一幢地地道道的化工厂。

中心专门设置了两个儿童乐园。一个是藏有两万册儿童书画的儿童图书馆，里面的书桌、书架等一切设施都是根据儿童的兴趣和需要设置的；另一个是儿童工作室，4～12岁的孩子都可以到这里来学习绘画、舞蹈、演戏、做手工等。工作室有专门负责组织和辅导孩子们的工作人员，他们可以培养孩子们的学习兴趣，帮助孩子们提高想象力和创造力。

工业创造中心，主要通过各种展览会和图书资料向观众介绍有关市政建设、生活环境及各种工艺产品的发明和创造情况，同时还向观众提供各种日常消费品的资料与咨询。

公共情报知识图书馆和传统图书馆完全不同，它拥有当代书籍30万卷，期刊2400种，幻灯片20万张等物品。馆内设施一律开放，读者可以随意翻阅开架图书，还可以

"最怪的建筑"

蓬皮杜艺术与文化中心是巴黎市中心"最怪的建筑"，在国际建筑界引起了广泛注意，对它的评论可谓众说纷纭。它将所有结构构件、设备、管道全部暴露在外立面上，看上去就像一座化工厂，有人讥讽它是"肚肠外翻"。尽管这种奇特的风格自一开始就受到很多非议，但它还是以"高技派"风格而受到许多人的青睐。现在这一风格在全球范围内产生了越来越广泛的影响。

蓬皮杜艺术与文化中心是巴黎市中心"最怪的建筑"

通过录像机随意选看介绍各国文学艺术、科技、民俗等情况的电影和录像片，音乐爱好者也可以戴上耳机自由欣赏自己挑选的唱片。馆内到处都设有放大阅读机和复印机，读者可随时用它们查阅微缩胶卷和复制资料。该馆还有语言学习室，共有 40 个小房间和 40

种语言的有关教材、资料，人们在此可以听录音、看教材，选学各种语言。

国家现代艺术博物馆也颇有创新之处，它集中突出了"现代"二字，专门介绍20世纪以来的西方各种造型艺术，包括立体派、抽象派、超现实主义派等各种流派的2000幅作品。馆内藏品的陈列方法也是现代的：一条主要线路按时间顺序排列着各个流派艺术的代表作，周围分设许多小展室，分别介绍某流派某作家的作品，使观众既可以了解现代西方艺术的概貌，又可以对某一感兴趣的流派或作家进行深入研究。尤其周到的是，馆内还设有可以升降移动的板架，挂有那些未出展的作品，一按动电钮，这些自动板架便可将那些观众所需而未展出的藏品展示在人们面前。

音乐与声学研究所修建于大厦旁边的地下，这主要是为了避免噪声干扰。研究所的主要功能是让音乐工作者能够利用现代设备和技术来从事创作。此外，它还从事研制新乐器和各种音响设备的工作。

蓬皮杜艺术与文化中心只展览艺术品吗？

小问题

皮瑞里大厦是哪种结构的代表作？

皮瑞里大厦位于意大利米兰，由奈尔维和蓬蒂设计，1955 年开工，历时 4 年建成。这是一家橡胶联合企业的总部大楼，因为设计有特点，成了公认的建筑设计和结构构思巧妙结合的作品。

建筑师蓬蒂的观念，认为建筑物两对边的延长线应在不远处相交，显出建筑的"尽头"。为此他设计了一个两端开口的由折线构成的梭形平面，两个长边延长线的交点正

皮瑞里大厦前的广场

埃尔·奈尔维

埃尔·奈尔维是意大利工程师兼建筑师，代表作品有罗马小体育宫、大体育宫、皮瑞里大厦等。他的令人震惊的一件作品是1971年梵蒂冈会堂的内部空间设计，被称为最富戏剧性的新结构。1963年，美国哈佛大学授予埃尔·奈尔维荣誉学位，之后他获得了美国建筑师学会金质奖章。

好落在大厦所处地段的边界上。而开口处两边的折线角度较大，延长线的交点落在附近布置的建筑小品上。这样，整个建筑物显得非常温和节制，自成一体。

力学上的问题由奈尔维解决，他在大厦两端布置四个三角形钢筋混凝土筒，又在中部布置四个巨大的支柱，与混凝土筒共同承受垂直荷载和水平力。柱子的宽度从下往上越来越窄，符合结构原理，而两边的延长线越过屋顶大平板在其上方不远处相交，这也和蓬蒂的观念不谋而合。

大厦前面广场的下面是一个地下小礼

皮瑞里大厦位于意大利米兰

堂。礼堂的梁柱沿对角布置，而且两两相交成菱形，斜梁增加了水平刚度，也丰富了空间形象。天花与梁底面平齐，而梁柱与天花间留出一段距离作为灯槽，结构布置同建筑装饰以及室内照明结合得非常巧妙。

　　让建筑物在空间延伸上显得有限的理念，人们称之为"有尽形式"原则。

皮瑞里大厦的柱子有什么特点？

小问题

为什么罗浮宫扩建工程是在地下？

罗浮宫世界驰名，它始建于 13 世纪，最初是法国王室用作防御目的的城堡，后来经过扩建、修缮逐渐成为一个金碧辉煌的王宫，现在是世界著名的艺术殿堂。1981－1988 年，法国政府对罗浮宫实施了大规模的整修，使它以一种崭新的姿态出现在人们的面前。

1988 年完工的罗浮宫扩建工程是世界著名华裔建筑大师贝聿铭的重要作品。

罗 浮 宫

罗浮宫前的金字塔

1981 年 5 月，密特朗当选法国总统，提倡经济的复苏必须和文化的复苏并行。而这个时候，罗浮宫内部已经破败不堪，馆内灯光昏暗，处处积满灰尘，贮藏室、处置室和修复实验室等辅助设备极为缺乏，能够展示的艺术品不足存量的十分之一。法国前文化部部长比厄西尼受密特朗之托，对居世界领先地位的各大博物馆进行访问，询问各馆管理者愿意聘用何人承担设计工作，每个被问到的人几乎都说出了贝聿铭的名字。不久，密特朗打破了法国的惯例，未通过公开竞争便直接聘用贝聿铭修复罗浮宫。

贝聿铭独出心裁，将扩建的部分放置在罗浮宫地下，避开了场地狭窄的困难和新旧建筑矛盾的冲突，又将扩建部分的入口放在罗浮宫的主要庭院的中央。整个建筑是一座只在地面上露出玻璃金字塔形采光井的地下宫,包括入口大厅、剧场、餐厅、商场、文物仓库、一般仓库和停车场等。金字塔是入口大厅的自然采光的顶棚,它的一边是大门,其余三边是另外安排的三个小金字塔,由三角形水池和喷泉连成整体。这个入口被设计成一个边长35米,高21.6米的玻璃金字塔。

金字塔的底边与建筑物平行,与埃及金字塔的布局相同,这看起来与环境非常和谐。全玻璃的墙体清亮透明,没有沉重拥塞之感。

为何用金字塔形

巴黎人虽然浪漫,却对外国人插手扩建罗浮宫的事情十分恼火,多达九成的巴黎人疾声反对建造金字塔。罗浮宫博物馆馆长甚至辞职而去。而贝聿铭解释说,金字塔是文明的象征,与罗浮宫700年历史互相辉映,特别是晶莹剔透的金字塔与罗浮宫相比,显得既古老又年轻。功夫不负有心人,玻璃金字塔建成之后获得了广泛的赞许。

罗浮宫的地下部分

　　金字塔周围是另一方正的大水池。水池转了 45°，在西侧的三角形被取消，留出空地作为入口广场，以三个角朝向建筑物，构成三个紧邻金字塔的三角形的小水池。每逢风轻云淡，当巴黎居民走在广场上，都会感叹于这一和谐的美景。而四周不息的巨柱喷泉，像是在昭示着巴黎的创造力永不枯竭。

罗浮宫扩建工程用金字塔形有什么好处？

小问题

毕尔巴鄂市为什么能够一举成名？

朋友，你知道吗？总部在纽约的古根海姆博物馆在西班牙毕尔巴鄂、意大利威尼斯、德国柏林和美国拉斯维加斯拥有4个分馆，同时也在世界范围内和画廊、美术馆合作举办展览，被誉为顶级博物馆"连锁公司"。现在，我们单说说西班牙毕尔巴鄂市的古根海姆美术馆。

这座美术馆是由地方投资兴建、纽约古根海姆博物馆经营并提供展品，它被认为是

毕尔巴鄂市的古根海姆美术馆全景

毕尔巴鄂市的古根海姆美术馆内部采用钢结构

面向 21 世纪的博物馆。美术馆请来国际建筑大师弗兰克·盖里精心打造，于 1995 年开工，历时两年完工。

盖里的建筑设计结合了 20 世纪现代艺术的精髓。他的思路十分宽阔，积极探讨铁丝网、波形板、加工粗糙的金属板等廉价材料在建筑上的运用，他的建筑往往带有一种"未完成"的震撼效果。1991 年，他开始为古根海姆美术馆在西班牙小城毕尔巴鄂的分馆进行设计。

毕尔巴鄂分馆建筑面积约为 2.4 万平方米，整个建筑由一群外覆钛合金板的不规则双曲面体组合而成。主要部分的体形弯扭复杂，难以用语言描述它的形状，但主要展馆仍然是规整的。博物馆造型由曲面块体组合而成，内部采用钢结构，外表以钛金属饰面，闪闪发光又不是那么刺眼。

　　首层基座部分比较规整，而扭曲的部分主要是入口大厅和四周的辅助用房，变化的形态向上逐渐收缩。美术馆建在水边，与城市立交桥形成了有机的组合。

　　盖里在设计西班牙古根海姆美术馆的过程中使用了计算机软件，这种相对直观的设计方式使得建筑师如虎添翼，大大发挥了他的艺术包装思想。这种嵌入城市肌理的构思是盖里设计风格的突出表现。

　　造价 9000 万美元的美术馆，加上古根海姆基金会久负盛名的艺术品收藏，吸引着

"毕尔巴鄂效应"

　　随着西班牙古根海姆美术馆的启用，整个城市仿佛瞬间活跃了起来，毕尔巴鄂市建起了机场、地下铁路、新的码头。短短几年之间，一个没落的小城市来了个奇迹般的大翻身，晋升为欧洲新的艺术文化中心。甚至一个专门的词汇由此产生——"毕尔巴鄂效应"，专门用来指此类前卫建筑成为城镇救星的现象。

毕尔巴鄂市的古根海姆美术馆闪闪发亮的钛金属表面

欧洲庞大的艺术爱好者群体。1997年年底美术馆开幕后，以灵动不羁的风格改变了它所在的城市，美术馆本身成了艺术品，无数人从世界各地慕名而至，毕尔巴鄂一夜间成为欧洲家喻户晓的城市。到了第三年，带来的经济效益已超过4.5亿美元，共吸引了400多万游客，上交政府1亿美元的税收。

西班牙古根海姆美术馆的启用为什么能够带动毕尔巴鄂市的发展？

小问题

第三篇
非洲著名建筑

建造金字塔涉及哪些科学领域？

　　埃及的金字塔建于 4500 年前，是古埃及法老（即国王）和王后的陵墓。在古埃及，每位法老从登基之日起，即着手为自己修筑陵墓，以求死后超度为神。陵墓是用巨大石块修砌成的方锥形建筑，因形似汉字"金"字，故译作"金字塔"。埃及迄今为止已经发现大大小小的金字塔 110 座，大多建于埃及古王朝时期。在目前发现的金字塔中，最

胡夫金字塔

狮身人面像

大、最有名的是位于开罗西南面的吉萨高地上的祖孙三代金字塔。它们是大金字塔（也称胡夫金字塔）、海夫拉金字塔和门卡乌拉金字塔。它们与周围众多的小金字塔形成金字塔群，是埃及金字塔建筑艺术的顶峰。

朋友，你知道吗？作为"世界七大奇迹"之首的胡夫金字塔，建于埃及第四王朝的第二位法老胡夫统治时期（约公元前 2670 年），被认为是胡夫为自己修建的陵墓。胡夫金字塔占地 5.29 万平方米，底面呈正方形。塔原高 146.59 米，因顶端剥落，现高 136.5 米，相当于一座 40 层摩天大楼。在 1888 年巴黎埃菲尔铁塔建成以前，它一直是世界上最高的建筑物。4 个斜面正对东、南、西、北四方，误差不超过圆周角的 3′。塔身由 230 万块巨石组成，每块重量为 1.5～160 吨，石块间合缝严密，不用任何黏合物。

金字塔的入口在北侧面离地 18 米高处，经入口的一段甬道下行通往深邃的地下室，上行则抵达国王殡室。殡室内仅一红色花岗岩石棺，别无他物。塔内还有王后殡室和地下墓室。

在金字塔附近地区，考古人员发现了奴隶们的集体宿舍等生活设施的遗迹和奴隶墓地，并在死者随葬品中发现了大量测量、计算和加工石器的工具。有学者推测，当时这些奴隶轮流来到工地参加劳动，工期约 3 个月。

狮身人面像

胡夫金字塔的一块"招牌"是著名的狮身人面像。在胡夫的儿子哈夫拉法老的金字塔旁，建有一个雕着哈夫拉的头部却配着狮子身体的大雕像。狮身是用石块砌成的，而整个人面像则是在一块巨大的天然岩石上凿成。作为法老陵墓的守护者，狮身人面像的这班"岗"一"站"可就是四千五百多年呐！

胡夫金字塔的入口

　　据考古学者先前考证，法老胡夫一共动用了 10 万人花了 20 年时间修建金字塔。然而，不久前公布的最新发现显示，建成这座金字塔要花费三十多年的时间。

　　胡夫金字塔工程浩大，结构精细，其建造涉及测量学、天文学、力学、物理学和数学等各个领域，被称为人类历史上最伟大的石头建筑之一，至今还有许多未被解开的谜。

你认为胡夫金字塔有哪些未解之谜？

小问题

亚历山大灯塔至今还能看见吗？

朋友，亚历山大灯塔被誉为"世界七大奇迹"之一。它由希腊的著名建筑师索斯特拉特设计建造，是典型的巴比伦风格建筑物，在当时也是世界上最大的灯塔。这座灯塔在公元前280－前278年建成，历经千年沧桑，在1326年大地震中崩塌。灯塔的遗址在埃及亚历山大城边的法罗斯岛上，仅剩下一座黄灰色的石头堡垒。

说到亚历山大灯塔的建立，就要提到希腊马其顿亚历山大大帝。亚历山大一生戎马，他在东征途经地中海海滨的拉库台通村时，

亚历山大灯塔旧址

亚历山大灯塔原貌图

看中了这里的地理位置,于是下令以他的名字在此建立一座城市。到托勒密一世(公元前305－前283年)时,小村一跃成为繁华的大都市、东西方贸易的集散地、地中海最大的海港。由于对外商品交换发达,船只来往频繁,迫切需要有一座灯塔来指引船只夜间航行。这样,亚历山大灯塔奇迹般地诞生了。

人们对亚历山大灯塔念念不忘。阿拉伯史学家伊本谢赫于1165年访问亚历山大,后来写成了《艾列夫巴》一书,较为详尽地描述了灯塔。1909年,德国工程师特里希根据各种文献绘制了灯塔的复原图。这两份材料成为现今了解灯塔的主要依据。

根据记载，灯塔高约135米，由石灰石、花岗石、白大理石和青铜铸成。塔身由上、中、下三个部分组成。下层塔身底部呈方形，高约70米的塔身随着上升逐渐收缩，底部每一边长为高度的一半，四个角各安置一尊海神波赛冬的儿子口吹海螺号角的铸像，以此来表示风向方位。中层呈八角形，高约34

法洛斯灯塔

亚历山大灯塔在建成后的一千多年中，"兢兢业业"地为每一艘在暗夜中进出港口的船只指引着航向。为了感谢它"无私"的帮助，人们便用古希腊神话英雄的名字来称呼它——法洛斯灯塔。

在"世界七大奇迹"中，法洛斯灯塔成为除金字塔以外最后一个消失的。实际上，灯塔的崩塌也有各种说法，有人说是14世纪的大地震摧毁了它，也有人说是人为的，他们认为，13、14世纪罗马帝国与法洛斯岛上的伊斯兰教徒发生战争，罗马人散布谣言，说灯塔下面埋有宝藏，于是贪婪的人们蜂拥而至，给法洛斯灯塔带来了难以修复的创伤。

亚历山大灯塔旧址所在地——卡特巴城堡

米，相当于下层高度的一半。上层呈圆柱形，高约 9 米，上层塔身之上是一圆形塔顶，一个巨大的火炬不分昼夜地冒着火焰。

塔顶之上则是塔灯所在处。关于塔灯的说法很多，有人说它是一个大型金属镜，白昼反射日光，夜晚反射月光；有人说是装有巨大的长明火盆，另有磨光的花岗石所制的反光镜，以反射火光。这样，无论日夜，远处的船都可遥见塔上灯光，据此导航。

如今，在离亚历山大城 48 千米处的阿布西拉有一个缩小的灯塔复制品，供游人观赏。

亚历山大灯塔对古代的船只起到了什么样的作用？

小问题

科学家在地中海发现了哪些古迹？

1996 年，欧洲水下古迹研究所与埃及最高文物委员会签约，决定对地中海埃及近海的历史遗迹进行系统考察和发掘。他们在海底发现了 3 处具有两千多年历史的古迹。这 3 处古迹包括米努茨、拉留姆两大古迹遗址以及当年尼罗河流入地中海的 7 个入海口中最大的一个老河口。

在拉留姆古城遗址，有巨大的石头建筑遗迹，例如巨大的花岗岩石柱，高达 4 米的

尼罗河岸

远眺地中海

具有法老风格的国王雕像，大小不一的狮身人面像等。这两座古城遗址中发掘的早期文物分属古埃及新王国时期第 26 王朝和第 30 王朝。同时，考察队还发现了公元后的拜占庭东罗马帝国时期和伊斯兰时期的金币、器皿等物，其中最有价值的是古埃及新王国时期使用的石刻天象图。

在卡努布老河口两侧的码头区，通过海底磁力探测仪发现了砖石结构的建筑。可以推断，当时这个地区的经济富庶，民居和庙殿建筑相当普及。此外，在亚历山大城建成之前，卡努布河汊曾经是可以通航的重要水道，卡努布河口是当年埃及进入地中海的主要出海口。

那些显赫一时的城市和古迹怎么会一下子就消失得无影无踪了呢？是两千多个春秋间的海平面上升造成的？还是地震导致大面积地面沉陷造成的？这一系列的问号，吸引着一代又一代的探险家和史学家。

到了1943年，埃及末代王朝的道颂亲王首次雇佣外国潜水员，在亚历山大近海海底寻找当年的历史遗迹，结果找到了米努茨古城的遗址，并绘制了海底城市遗址的地图。可惜的是，由于当时埃及国事动荡，未能继续这项科学考察。不过，在对米努茨的初步探索中，找到了希腊马其顿国王亚历山大大

亚历山大陵墓

亚历山大陵墓在7世纪时曾经遭到阿拉伯人的掠夺。9世纪时，土耳其人彻底毁灭了它，现在巨石群遗址中还有几块巨石。在长长的地下走廊的入口处，有当年400根巨柱中唯一的一根，这就是举世闻名的庞贝巨柱。尽管巨石群遭到了破坏，但是人们还是能够由此联想到当年庙堂和祭殿的辉煌。

亚历山大内海

帝的头盖骨，这位国王曾经统治埃及并创建亚历山大城。头盖骨目前陈列在亚历山大希腊博物馆里。人们期望在今后的进一步发掘中，能够找到亚历山大大帝的陵墓，那就能解决世界史学界长期争论不休的一大课题。

小问题

考察队在地中海下发现的最有价值的文物是什么？

拉利贝拉岩石教堂群在哪个国家？

　　埃塞俄比亚的岩石教堂举世无双，最有名的要数首都亚的斯亚贝巴以北约 500 千米处的拉利贝拉岩石教堂。

　　拉利贝拉有着八百多年的历史，关于它的诞生，还有一段神奇的传说。据说，当埃塞俄比亚皇帝拉利贝拉呱呱坠地的时候，一群蜂围着他的襁褓飞来飞去，驱之不去。拉利贝拉的母亲认准了那是儿子未来王权的

岩石教堂的石柱

坐落在深坑中的岩石教堂

象征，便给他起名拉利贝拉，意思是"蜂宣告王权"。当政的哥哥哈拜起了坏心，给他灌下了毒药。拉利贝拉三天三夜长睡不醒。在梦里，上帝指引他到耶路撒冷朝圣，并指示他回来以后在柔哈建立一座"黑色的耶路撒冷"。上帝不仅给了他建造的具体方案，还派了天使帮助他。就这样，埃塞俄比亚的岩石教堂在拉利贝拉显露了登峰造极的辉煌。拉利贝拉登基后，柔哈就以这位国王的名字命名了。

岩石教堂有一种奇特的视觉效应，通常，人们都是仰视教堂，而在这里则变成了俯视。往往产生一种非常实在、古朴的崇敬之感。这些教堂坐落在岩石的巨大深坑中。由于埃塞俄比亚夏季多暴雨，教堂的建造者们把地

拉利贝拉

在公元 13 – 18 世纪时，拉利贝拉是埃塞俄比亚的文明中心。拉利贝拉是埃塞俄比亚的亚格维王朝最后一位皇帝的名字，他在位时开始了这个宏大的创举。在海拔 3000 米的坚硬的石头山上，埃塞俄比亚人居然能够雕琢出如此宏大的、方圆几千米的教堂建筑群，而且全部散落在山石里，真是一个奇迹！由于这些东正教堂的建筑精妙绝伦，当第一个欧洲人在 15 世纪来到这里时，不禁惊叹道："这简直就是新耶路撒冷！"

拉利贝拉最具特色的教堂是贝特·吉敖吉杰教堂，它被视为埃塞俄比亚国教和国家的象征。

岩石教堂都是在整块石头上凿刻的

基开凿在斜坡上，这样可使雨水流走，避免
水患的威胁。

今天，专家们对这些在岩层中凿出的教
堂群进行认真观察时，惊奇地发现：每座教
堂的内部结构和装饰——从柱子、屋顶、走

廊到塑像、浮雕和窗户的镂空透雕，都由整体石块雕成。另外，全部教堂建筑没有使用一点泥浆、黏土等黏合剂。可以想象，如果没有什么极其巨大的天灾人祸，这些教堂将在历史中站立很久的时间。

在12座教堂之间，由地下通道和岩洞系统接通。其中规模最大的一座是救世主教堂，里面的28根石柱全由一块岩石凿成，更令人惊叹称奇。由于远离公路，被茂密森林包围，这群建筑奇迹被"遗忘"了几个世纪。直到1974年，它才被人们"发现"，成了游览观瞻的胜地。

非洲海拔最高的大城市、非洲联盟总部所在地是哪座城市？

小问题

第四篇
美洲著名建筑

玛雅金字塔和埃及金字塔有何不同？

玛雅文明诞生于公元前 2 世纪，大约在公元前 250 年即进入所谓的古玛雅时代。玛雅文明至今仍留给世界许多不解之谜！

古代玛雅人居住在今天的墨西哥南部、危地马拉和洪都拉斯。在漫长的远古年代里，玛雅人以他们的聪明才智和辛勤汗水，创造了辉煌灿烂的玛雅文化。"库库尔坎"蛇影之谜，更是这一宝库中的瑰宝。

在墨西哥尤卡坦半岛，有一处著名的玛雅文化遗址，叫作奇切恩伊特萨，那儿有一

玛雅金字塔

建筑奇想

玛雅文明遗址

座称为"库库尔坎"的金字塔。"库库尔坎"在玛雅文中的意思是"带羽毛的蛇神"。玛雅人崇拜太阳神，认为带羽毛的蛇神是太阳神的化身。这座金字塔高 30 米，呈长方形，上下共 9 层，最上层为一神庙。这一太阳金字塔四方各有 91 级石阶。台阶总数加上一个顶层正好是"365"，代表一年的天数。台阶两侧有宽一米多的边墙，北面边墙下端刻着一个高 1.43 米、长约 1.8 米、宽 1.07 米的带羽毛的蛇头，蛇嘴里吐出一条长 1.6 米的大舌头。

玛雅人在金字塔的建筑上很重视运用光学原理，他们通过严格的计算，使得每年春分、秋分两天的下午，"库库尔坎"蛇影即在塔上出现。当太阳开始西斜，阳光投射到北坡西边墙上，就会映出 7 个等腰三角形，从上到下直到蛇头，呈波浪状，好像一条巨蛇在爬行。直到太阳落山，这条巨蛇才渐渐消失。

人们在赞叹这一奇观的同时，也感到迷惑不解：古代玛雅人在建筑这一金字塔时，是如何预先测定和设计这种光学应用的。玛雅人以自己的智慧为后世的人们留下了"库库尔坎"蛇影之谜。玛雅人的金字塔与埃及金字塔不同。埃及金字塔是帝王的陵寝，而玛雅金字塔的塔顶是供教士们办公、居住或

玛雅文明之谜

玛雅文化和天外来客是当代两个不解之谜。有的科学家根据现代宇航和考古方面的新发现，作出了一个大胆而离奇的结论：玛雅文化和天外来客是有联系的。传说在 16 世纪中叶，西班牙殖民主义者踏上中美土地，来到了玛雅部落。玛雅人委派通译者佳觉，向西班牙第一任主教兰多介绍了自己的文明。兰多被玛雅典籍中记载的事情吓坏了，认为这是"魔鬼干的活儿"，于是下令全部焚毁。经过这番浩劫之后，玛雅人的文明一下子神奇地失踪了，他们灿烂的文化也随之成了不解之谜。

建筑奇想

玛雅文明遗留下的石柱

观察天象用的，塔前广场是民众参加祭典的场所。在热带雨林中建造金字塔所需的巨石必须从 10 千米以外的地方运来，再切成块状。玛雅人始终不曾使用过金属，这些巨石从何而来，如何搬运，至今仍是一个谜。

在 16 世纪西班牙人登上美洲大陆时，玛雅人还巢居树穴，以采集为生，过着原始部落的生活，然而公元前 8 世纪的玛雅人怎么会产生如此高度的文明？实在是匪夷所思。

小问题

在尤卡坦半岛上耸立着的 9 座玛雅金字塔位于哪个国家的境内？

美国国会大厦主要用了什么建筑材料？

国会大厦是美国国会所在地，位于美国首都华盛顿哥伦比亚特区。它占据着全市最高的地势，同时又是华盛顿最美丽、最壮观的建筑。美国人把国会大厦看作是民有、民治、民享政权的最高象征。

1793 年 9 月 18 日，国会大厦由华盛顿总统亲自奠基，1800 年投入使用。1814 年第二次美英战争期间被英国人焚烧，部分建筑

国会大厦全景

国会大厦内的雕像

被毁。后来增建了参众两院会议室、圆形屋顶和圆形大厅，并多次改建和扩建。

　　国会大厦本身南北长 214 米，东西宽 107 米，高 88 米，占地 1.6 万平方米，有 540 个房间和 658 扇窗户。大厦除极小一部分用砂岩砌建外，其余部分用的全是精美的大理石。中央穹顶和鼓座仿照万神庙的造型，是相当完美的新古典风格。

　　国会大厦整体呈乳白色，设计师在色彩的应用上别具匠心。现今所见的大厦及上端圆顶形高厅，建于 1851－1863 年。大厦四周围绕着草坪和树木。白天远眺这座大厦，有如绿绒毯上放着一座玲珑剔透的象牙雕刻。晚上，以黑黝黝的天空作背景，衬托着这被灯光照亮的乳白色大厦，犹如天上宫阙。

大厦正中是一个宽敞明亮的大厅，可容纳两三千人。大厅四周的墙壁和圆穹形的天花板上是记述美国独立战争和历史上重大事件的巨幅油画和壁画，还有林肯、杰斐逊等名人的石雕像，华盛顿总统的雕像居于最正中。

大厦的北厢为参议院，大会场内悬挂着一面巨幅美国国旗，国旗前面是议长的席位，再前面是记录席和发言席。大厦南厢为众议院，两院的会场形式基本相同，另外还设有小会议厅和国会领袖办公室等大小 540 间房

国会大厦的自由女神铜像

1863 年 12 月 2 日夜晚，华盛顿人自发地聚集起来，目睹近 6 米高、重 6364 千克的自由女神铜像被安装在国会大厦的拱顶。这时，代表 35 个州的 35 门礼炮轰鸣起来，向在战争中宣告完工的国会大厦致敬。从那时起，国会大厦的外观基本上确立，并且保持到现在。

自由女神铜像

屋，连接参议院与众议院的是长廊与雕像厅。

　　大厦的四周是草坪和树林，芳草如茵，树木常青。

美国宪法规定的最高立法机关叫什么名字？

小问题

流水别墅体现了什么建筑思想？

流水别墅位于美国宾夕法尼亚州匹兹堡市附近的一片风景优美的山林之中，是考夫曼的度假别墅，于1936年落成，设计者是美国建筑设计大师赖特。流水别墅享誉世界，被誉为20世纪世界建筑园地中的一朵奇葩。

赖特经过长达6个月的构思，决定将别墅凌空建于溪流和小瀑布之上。别墅共3层，面积约380平方米，以第二层（主入口层）的起居室为中心，其余房间向左右铺展开来。别墅外形强调块体组合，使建筑带有明显的雕塑感。两层巨大的平台高低错落，第一层平台向左右延伸，第二层平台向前方挑出，几片高耸的片石墙交错插在平台之间，很有力度。

外观出人意料，别墅的室内空间处理也极其经典，室内空间自由延伸，相互穿插；内外空间互相交融，浑然一体。

流水别墅具有悬伸的横向挑台，粗犷的毛石竖墙，大片的玻璃窗，以及精心设计的家具，这一切结合起来，完美地体现了赖

流水别墅凌空建于溪流和小瀑布之上

特"有机建筑"的建筑思想。由于在空间的处理、体量的组合及与环境的结合上均取得了极大的成功,流水别墅为有机建筑理论作了现实的例证,在现代建筑历史上占有重要地位。

房子不能变动,周围的环境却在周而复

始地变迁，通过环境的变迁，建筑以"无声之声"的姿态对环境作出反应，给人们留下四季更新的建筑面貌，这是流水别墅的一个最吸引人的特点。

当冰雪消融时，春水上涨的强大动势使建筑物看上去更像一组露出地面的巉岩。夏日溪流涓涓，别墅看起来就仿佛是动物冬眠前的肌体蜷曲动作。冬季瀑布结冰，别墅又自有一番天上人间的美景。整个流水别墅与环境之间做到了疏密有致，有实有虚，与山石、林木、水流紧密交融。人工建筑与自然环境汇成一体，交相衬映。人们盛赞这是

流水别墅的特征

流水别墅的特征是与自然紧密结合。它轻盈地站立在流水上面，挑出的平台向四周自由伸展。主要一层几乎是一个完整的大空间，通过空间处理而形成相互流通的各种从属空间。正面与天棚之间，虚实对比十分强烈。整体设计概念大胆奔放，成为无与伦比的世界现代建筑。

流水别墅全景

人与自然的和谐统一，是建筑的最高境界。

　　半个多世纪过去了，流水别墅作为世界现代建筑大师赖特的不朽之作，已经广为人知。流水别墅几乎赢得了一座建筑所能赢得的所有荣誉和赞美，数不清的人们怀着虔诚的心情参观流水别墅。考虑到别墅的特殊含义，别墅的主人考夫曼先生将其捐献为公共财产，以便更多的人能够体验到它的魅力。由此看来，流水别墅的成就已超出了私人豪宅的含义，它的成就属于整个人类。

小问题

　　考夫曼先生为什么要把流水别墅捐献给国家作为公共财产？

联合国总部由哪四栋建筑组成？

庄严雄伟的联合国总部大厦位于美国纽约曼哈顿东区第42街和第48街之间，西边与联合国广场相邻接，东边以东河为界，占地7.3万平方米。联合国总部大厦大概是唯一得到公认的里程碑式的现代建筑了，

联合国总部大厦

联合国总部大厦外的和平雕塑

代表着全人类的美好愿望。

联合国总部大厦在 1946 年选址时，美国巨富小洛克菲勒出资购买了纽约大片街区相赠。联合国大会决议接受他的馈赠，由此联合国总部定址在纽约。

1947 年，成立了由国际知名建筑师（包括中国的梁思成教授）组成的设计委员会，联合国第一任秘书长指派美国建筑师哈里森为设计总负责人。大厦于 1947 年动工，1953 年建成。它由四个部分组成，包括秘书处大楼、联合国大会堂、安理会会议楼和达格·哈马舍尔德图书馆。

大厦居中为大会堂，供联合国召开大会使用。大厅内墙为曲面，屋顶为悬索结构，上覆穹顶，顶部和侧面呈凹曲线形。

秘书处大楼是早期的板式高层建筑之

一，也是最早采用玻璃幕墙的建筑。前后立面都采用铝合金框格的暗绿色吸热玻璃幕墙，钢框架挑出 90 厘米；两端山墙用白色大理石贴面。大楼体形简洁，色彩明快，质感对比强烈。东河沿岸为一组五层会议楼建筑，分设各理事会大厅。

临第 42 街的旧建筑曾作为联合国图书

中国与联合国

中国是联合国的创始国之一。中国代表团参加了 1945 年的旧金山会议。中国共产党代表董必武是代表团成员，并在联合国宪章上签字。中华人民共和国成立后，当时的周恩来同志以外交部部长的身份于 1949 年 11 月 15 日致电联合国，宣布中华人民共和国中央人民政府为中国的唯一合法政府，要求恢复中华人民共和国在联合国的合法权利。但是由于美国政府的阻挠，中华人民共和国在联合国的合法权利直到 1971 年 10 月 25 日才得到恢复。

联合国总部的大会堂

馆，1961 年拆除重建。

安理会会议楼在秘书处大楼与大会堂之间，临靠河面。

与历史上建造的其他政府和议会性建筑相比，联合国总部建筑群十分特殊。其功能的复杂性和造型构图的创新性，是以往建筑无法相比的。联合国总部建筑的出现标志着现代建筑风格在 20 世纪中期逐渐获得了广泛的认同。

小问题

中国的哪位建筑师加入了联合国总部大厦设计委员会？

美国国家美术馆东馆是谁设计的？

1978 年，美国国家美术馆东馆落成后，在对群众开放的头 56 天里，参观者竟达一百多万人。报纸、刊物等各种媒体好评不断，这在一向号称评论家苛刻的美国实在是一件难得的美事。就连当时的美国总统卡特也参加了这栋楼房的落成典礼，他称赞东馆不仅是首都华盛顿和谐而周全的一部分，而且是公众生活与艺术之间日益增强联系的象征。

美国国家美术馆

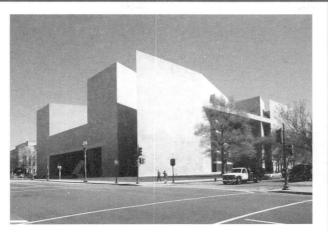

美国国家美术馆的东馆

　　美国国家美术馆东馆矗立在华盛顿的市中心，东可以眺美国国会大厦，西可望美国的心脏——总统府白宫，而隔着广场的另一边，就是 1941 年建造的一幢墙面贴着桃红色大理石的古典建筑旧国家美术馆。在这种寸土寸金的地方建筑大型场馆，必须做到和旧美术馆相协调，并且成为一道能为公众带来享受的景致，使这座城市更显得优美。

　　朋友，你知道这座美丽的建筑是谁设计的吗？是美籍华裔建筑设计大师贝聿铭先生。他经过 3 个月的实地测量和深思熟虑，终于完成了现在这座馆的设计方案。

　　设计师用一条对角线穿过梯形的直角顶点，将用地划为一个等腰三角形和一个直角三角形。

在等腰三角形的底边上竖起东馆的西立面，这就使得它正好坐落在原美术馆的东西轴线上。这种空间布局为新老两馆建立了对话关系。两者之间是一个广场，广场的中央不对称地设置了喷泉和人造小瀑布，此外还有布局灵活的晶体状玻璃天窗，但它们都组

东馆的设计难在哪儿

美国国家美术馆东馆在议会大厦和白宫之间，是白宫前最后一块空地，位置很重要。但是地段的形状不完整，是个斜角的楔（梯）形。因为东馆是整个美术馆的一部分，所以它的大门必须面向1941年建的旧馆（一座新古典形式的建筑）。同时，陈列馆和研究中心两部分要求有分有合，各有出入口。这通常会带来一些麻烦：在一个面上设两个门，处理得不好，会使人感到一个是大门，一个是"狗洞"。由于贝聿铭先生的巧妙设计，东馆获得了广泛的好评。

美国国家美术馆外的喷泉广场

织在一个中心位于中轴线上的圆形之内，不仅加强了新老两馆的共同轴线，而且活跃了广场内的气氛。

体形各异，却气息相通，东馆的外部形体十分新颖，但外饰面材料的大理石却与老馆的完全相同，大部分檐口高度也与老馆协调一致，丝毫没有先来后到的拘谨，也不会产生后来者居上的骄横感，两者并立，就好像一对"好邻居"或者"忘年之交"。

24米高的中央大厅四周有25个天窗，是用60平方米的三棱锥体钢管骨架玻璃组成。透过顶上的玻璃天窗，那三个大理石的棱柱塔楼有力地映入人们的眼帘，整个大厅因此充满活力，生机勃勃。而大厅内空敞、

建筑奇想

光滑的大理石墙面和挂在墙上的壁画，又使人感到像在家中一样安详舒适。大厅的四周安置了大大小小的陈列馆，满足各种不同形式的展览需求。

东馆设计得人性化意味十足，如果你走累了，可以走入东厅和旧馆之间的那个7000平方米的小广场。广场里铺满了整齐的鹅卵石，而且还特意设置了一个喷泉和几个形状各异像宝石一样透明的雕塑，广场下面就是一个连通新旧馆的地下室了。有人赞美说，这座美丽的美术馆建筑给华盛顿披上了一条美丽的头巾，也让贝聿铭赢得了人们的尊敬。

贝聿铭先生在中国设计了哪些建筑？

小问题

你知道多灾多难的纽约世贸中心吗？

　　纽约市的原标志建筑——世界贸易中心大楼位于哈得逊河口、曼哈顿闹市区南端，雄踞纽约海港旁，是美国纽约市最高、楼层最多的摩天大楼。它由纽约和新泽西州港务局集资兴建，由原籍日本的总建筑师山崎实负责设计。

　　纽约世贸中心大楼共110层，411米高，是由5幢建筑物组成的综合体。其主楼呈双塔形，塔柱边宽63.5米。大楼采用钢结构，用钢7.8万吨，楼的外围有密置的钢柱，墙

世贸中心大楼

世贸中心大楼倒塌后的废墟

面由铝板和玻璃窗组成，有"世界之窗"之称。大楼一切机器设备都由电脑控制，不论酷暑寒冬，均能自动调节，被誉为"现代技术精华的汇集"。

大楼占地 6.5 万平方米，由两座塔式摩天楼、四幢办公楼和一座旅馆组成。摩天楼采用钢框架套筒体系，大楼的外墙是排列很密的钢柱，外表用银色铝板包裹。摩天大楼都会受到强风的压力，在普通风力下，这座大楼的楼顶摆幅为 2.5 厘米，而实测到的最大位移有 28 厘米。

虽然在"9·11恐怖袭击事件"里，纽约世贸中心在大型客机的撞击下轰然坍塌，然而，专家们对世贸中心的力学设计还是赞誉度很高。事实上，世贸中心的南北塔是筒中筒结构，核心是 47 个电梯井（因分段设置，47 个电梯井可容纳 104 部电梯），外围是钢柱排列，9 层以下的承重外柱间距为 3 米，9 层以上承重外柱间距为 1.016 米，标准层窗宽仅 0.55 米，真可谓是密植的钢铁森林。

两架大型客机以极高速撞击，全都没入大厦腹部（撞击南塔那架甚至穿透整座进深达 63.5 米的大厦），在这种情况下，双塔还是经受住了撞击，从这个事实出发，就连调查世贸中心坍塌的专家组也认为设计师的力学设计是无懈可击的。

那么，究竟世贸中心是怎么坍塌的？专

世贸中心的灾难

1993 年 2 月 26 日，纽约世贸中心地下停车场曾经发生大爆炸，造成 6 人死亡，1000 人受伤，当时被称为"美国本土历史上最有破坏性的恐怖主义活动"。爆炸迫使大楼关闭数周，经济损失达 5.5 亿美元。2001 年 9 月 11 日上午 9 点左右（北京时间 11 日晚 9 点前后），两架被恐怖分子劫持的民航飞机先后撞向世贸中心的北部塔楼和南部塔楼，双塔楼相继倒塌。爆炸发生之时，世贸大楼内还有上千人根本无法逃生，截止到 2001 年 9 月下旬有近 6000 人失踪。"9·11 恐怖袭击事件"事件成为美国历史上最惨痛的恐怖主义灾难。

失去世贸中心大楼的纽约曼哈顿

家们给出了一个意料之外却又是情理之中的说法，原来，当初的设计确实是可以抵抗大型客机的撞击的，但却没有将飞机燃料爆炸所引发的大火列入考虑。

调查显示，世贸中心的钢骨双塔结构之所以会崩塌，主要原因并非撞击事件本身，而是随后所引发的大火降低了钢骨的强度，使其无法支撑上面的结构重量负载而坍塌。不管怎样，南塔在撞击后56分钟才坍塌，北塔则在飞机冲撞后维持了1小时40分钟之久。这两栋建筑物可以说是全球最坚强、最悲壮的建筑。

纽约世贸中心为何被誉为"现代技术精华的汇集"？

小问题

第五篇
中国著名建筑

中国古代建筑有哪些特点和风格？

朋友，你大概看到过不少古代建筑吧？特别是住在北京的朋友，经常看到的天安门、天坛、白塔等都属于古代建筑。那么，中国的古代建筑有哪些特点和风格呢？

据专家归纳，中国古代建筑的特点主要有五种：一是以木材、砖瓦为主要建筑材料，以木构架结构为主要的结构方式；二是在平面布局上具有一种简明的组织规律，就是以"间"为单位构成单座建筑，再以单座建筑组成庭院，进而以庭院为单元组成各种

天 安 门

天　　坛

形式的组群；三是造型优美，尤其以屋顶的造型最为突出，主要有庑殿、歇山、悬山、硬山、攒尖、卷棚等形式；四是装饰丰富多彩；五是特别注意跟周围的自然环境相协调。

关于中国古代建筑的风格，专家归纳出四种基本风格。

一是庄重严肃的纪念型风格。大多体现在礼制祭祀建筑、陵墓建筑和有特殊含义的宗教建筑中。其特点是群体组合比较简单，主体形象突出，富有象征含义，整个建筑的尺度、造型和含义内容都有一些特殊的规定。例如古代的明堂辟雍、帝王陵墓、大型祭坛和佛教建筑中的金刚宝座、戒坛、大佛阁等。

二是雍容华丽的宫室型风格。多体现在宫殿、府邸、衙署和一般佛道寺观中。其特点是序列组合丰富，主次分明，群体中各个建筑的体量大小搭配恰当，符合人的正常审美尺度；单座建筑造型比例严谨，尺度合宜，装饰华丽。

三是亲切宜人的住宅型风格。主要体现在一般住宅中，也包括会馆、商店等人们最经常使用的建筑。其特点是序列组合与生活密切结合，尺度宜人而不曲折；建筑内向，造型简朴，装修精致。

建筑的时代风格

由于时代的变化，特别是受到外来文化的冲击，或各地区民族间的文化发生了急剧的交融，也会促使建筑的艺术风格发生变化。有的专家将商周以后的中国古代建筑艺术分为三种典型的时代风格：秦汉风格、隋唐风格、明清风格。盛清时期的建筑形成了中国建筑艺术成熟的典型风格——雍容大度，严谨典雅，肌理清晰，同时又富于人情趣味。

苏州园林

　　四是自由委婉的园林型风格。主要体现在私家园林中，也包括一部分皇家园林和山林寺观。其特点是空间变化丰富，建筑的尺度和形式不拘一格，色调淡雅，装修精致；更主要的是建筑与花木山水相结合，将自然景物融于建筑之中。

　　以上四种风格又常常交错体现在某一组建筑中，如王公府邸和一些寺庙，就同时包含有宫室型、住宅型和园林型三种类型，帝王陵墓则包括有纪念型和宫室型两种。

你能举出几座具有纪念型风格的中国古代建筑吗？

小问题

万里长城被誉为哪两项"世界奇迹"?

朋友，你知道万里长城吧？即使你没有去过，也一定听说过。不过，你大概不知道，它的头上戴着"中古世界七大奇迹"、"世界新七大奇迹"两项桂冠呢！中国的万里长城是人类文明史上最伟大的建筑工程。其工程之浩繁、气势之雄伟，在世界建筑史上绝无仅有！

长城的建造可追溯至公元前7世纪。割据一方的诸侯国为了互相防御入侵，在领土上筑起城墙，长度由数十里至百里不等，因

万里长城

山 海 关

城墙呈长形，故人称长城。而楚国是最早筑起城墙的一方，其后各诸侯国相继效仿。而秦、燕、赵亦因与北方匈奴为邻，备受侵扰，故筑起规模庞大的城墙，而各国的城墙亦成为秦始皇筑起长城的基础。

公元前 221 年，秦灭六国，统一天下，为了防御北方匈奴、东胡奴隶主贵族骚扰，并发展北方农牧业经济，便派蒙恬领军修建长城工程，据司马迁《史记·蒙恬传》上记载："秦已并天下，乃使蒙恬将三十万众，北逐戎狄，收河南，筑长城。因地形，用险制塞，起临洮，至辽东，延袤万余里。"

万里长城之名，也是自秦始皇开始的。

汉武帝因应对匈奴的强盛，故对黄河流域的秦长城加以修葺。更另筑河西走廊的长城。《史记·大宛列传》中记载："汉始筑，令居以西，初置酒泉郡以通西北国。"长度达两万里，是历史上修筑长城最长的一个朝代。汉代修筑长城除了军事上的防御之外，汉长城的西部还起着开发西域屯田、保护通往中亚的交通大道"丝绸之路"的作用。

明朝灭元后，退守漠北的蒙古多次南侵，明室派兵征讨；其后，明朝大规模建筑长城，增建烟墩、城堡，并将部分土垣改为坚固的石墙。明长城是中国耗时最久（约200年）、工程最大、防御系统最完整和结构最完善的长城，它横跨八省，绵延一万两千余里。

长城的建材是就地取材，各地颇不相同，

长城由哪几部分组成？

万里长城由关隘、城墙、城台、烽燧四部分组成，浩浩万里，像一条气势磅礴的巨龙，盘踞在中国北方辽阔的大地上。万里长城以北京八达岭长城最为著名。此外，金山岭长城、慕田峪长城、司马台长城、古北口长城、天津的黄崖关长城、河北的山海关和甘肃的嘉峪关等，都堪称令人叹为观止的世界奇迹。

嘉　峪　关

譬如汉代是以泥和芦苇修筑长城。长城的体积也各不相同，以居庸关一带来说，高约8.5米，下部宽8.5米，上部宽约5米。每隔70～100米有一堡寨（相当于城楼），高约12.3米，多数堡寨是一重的，要害之地则置两三重。

　　长城是中华民族古老文化的丰碑，是中华民族的象征与自豪！在人类历史上，没有哪一项建筑能像长城一样跨越上下两千年，纵横一万里的广阔时空，凝聚起一个民族的荣辱与兴衰。

为什么许多人都呼吁要保护好万里长城？

小问题

你知道布达拉宫的维修难度有多大吗?

布达拉宫是全国重点文物保护单位,它是一座融宫堡和寺院于一体的古建筑群,坐落在中国西藏自治区首府拉萨市西北郊区的玛布山(红山)上,最高处海拔3767.19米,是世界上海拔最高的古代宫殿。在当地信仰藏传佛教的人们心中,这座小山犹如观音菩萨居住的普陀山,因而用藏语称此为"布达拉"(普陀罗的译音),意即菩萨住的宫殿。

布达拉宫外观13层,实为9层,高110多米,东西长360米,建筑总面积约13万平方米。自山脚向上,直至山顶,由东部的白宫(达赖喇嘛居住的地方)、中部的红宫(佛殿及历代达赖喇嘛灵塔殿)组成。殿宇巍峨,金顶辉煌,共有佛堂、经堂、灵塔殿、习经室一万五千多间。整个建筑系石木结构,用块块方石垒砌,高大宽敞的殿堂墙上绘有各种色彩鲜艳的壁画。室内陈设有几十万个用金、银、铜、玉和檀香木等雕铸的大小佛像,造型生动,集中体现了藏族人民高度的建筑成

雄伟的布达拉宫

就和独特的艺术风格。布达拉宫重重叠叠，迂回曲折，同山体融合在一起，高高耸立，巍峨壮观。宫墙红白相间，宫顶金碧辉煌，具有强烈的艺术感染力。

然而，时光荏苒，人间的一切建筑终归要老化，到了20世纪80年代，这座宫殿的很多部分都已损坏，急需大规模的维修。

布达拉宫是一座石木结构的建筑群，它那深嵌岩层的墙基最厚达5米以上，往上逐渐收缩，到宫顶时，墙厚只有1米左右。在建筑之初，富有智慧的藏族建筑师们曾在部分墙体的夹层内注入了铁水来加固墙体。然而，三百多年来，因为种种原因，宫墙从未大修，免不了出现严重险情。到1988年，国家宣布大修布达拉宫之前，根据现代建筑师们的勘查，宫殿最底层的地垄石墙已经松软，多层殿堂发生倾斜，木质构件损坏更是极其严重，腐、蛀、扭、脱、断，可说是险情四起。最严重的例子是，西大殿贵宾室有一排柱子居然扭转达45°，实在是到了不能不修的程度。

摆在维修人员面前的一个问题是，由

布达拉宫

宫城占地 41 万平方米，包括四大部分：红宫、白宫、龙王潭和山脚下的"雪"。其中红宫为历代达赖的灵塔殿和各类佛堂，位于整个建筑的中心和顶点，也是须弥佛土和宇宙中心的象征；白宫合抱于红宫外侧，是历代达赖的宫殿、大经堂、噶厦政府机构和僧官学校等。达赖的寝宫位于白宫最高处，又称日光殿。龙王潭为布达拉宫后园，方圆 3 千米，中间湖中小岛上建有龙王宫和大象房等。

"雪"、白宫和红宫，充分体现了藏传佛教中"欲界"、"色界"、"无色界"的"三界说"。

布达拉宫顶部

于布达拉宫的垃圾处理系统设计的问题,和一些出于观念的原因,历代布达拉宫的居住者们常常把宫中的生活垃圾倒在底层地垄里。清除这些垃圾可以说是一件巨大的工程。

维修宫中壁画是另一个重要的方面。布达拉宫壁画的颜料堪称奢华:金色用的是黄金粉末,银色用的是白银粉末,白色用的是珍珠和白海螺,红色用的是红珊瑚和朱砂,绿色用的绿松石。为了做到整旧如旧,保证质量,重新彩绘耗费了大量的资金,国家专门调拨金银珠宝原样制作了同样的颜料。不过,这些奢华的颜料也自然有它的优势,那就是经得起时间的考验,即使日晒雨淋也影响甚微。

处理壁画的难点在于清洗、保护和修复。

布达拉宫的金顶

维修人员必须把这些壁画清洗干净，从墙面上揭取下来，把墙体修复后，再粘贴上去。清洗并不困难，用文物清洗常用的清洗剂，就能去掉上百年的烟渍，清洗之后颜色鲜丽如初。然而揭取壁画可是给维修人员出了大难题。

维修人员一开始想参照敦煌壁画的修复方法来做，但敦煌壁画墙面平整，壁画底面又掺有稻草等纤维，有韧性，易于揭取，而布达拉宫墙面是石头，凹凸不平，当年的壁画绘制时，工匠们随形就势，仅用黄泥简单抹平后就直接绘画。这就使得揭取十分困难。工作人员最后想出了好办法，他们用宣纸贴在那些必须揭取的壁画上，然后用平衬了软布和棉花的木框架，覆到壁画上，再从背面小心翼翼地切割，一切下来，立即给背面刷上足以防止其破碎的强胶，等墙面重新砌平了再贴上去。

至于用来维修的木材，也要经过严格处理。处理木材的传统办法用大灶熏，一根木材至少得熏上一个多月。为此中国林业科学院的科学家设计了快速风干法。工作人员在拉萨河边专门建起一片场地，用五台大型木材风干机夜以继日地吹，几天即可风干。风干后紧接着进行防腐防虫处理。用一种大防腐罐，罐里装满药物，木材放进去以后抽真空并加压，把药硬生生地"挤"进木材里。对那些拆卸不便的较粗的梁柱，就在柱子上面钻孔注药，较细的柱子就地熏蒸，熏上药之后用塑料布蒙住，令木材迅速吸收。

从 2002 - 2009 年，国家对布达拉宫又进行了第二次维修，内容包括对布达拉宫基础的加固、木材防腐处理、壁画保护性维修等项目。这次维修的顺利结束，保证了布达拉宫在五十年内不需要再进行"大手术"。

修复后的布达拉宫堪称一座建筑艺术与佛教艺术的博物馆，也是中华各民族团结和国家统一的铁证。

世界上海拔最高、规模最大的宫殿式建筑群在哪儿？

小问题

唐长安城有什么都城建筑特色？

早在西周时，在今天的西安附近就出现了一座大城市。到了唐朝，它已经成了世界闻名的大都市，这就是长安城。

长安城的规划是一种典型的古代城市传统规划：平面布局，方正规则，每面开三门，皇城左右有祖庙及社稷，这与《周礼考工记》中的布局接近。

从长安城的规划看，唐代基本沿用了隋

骊　山

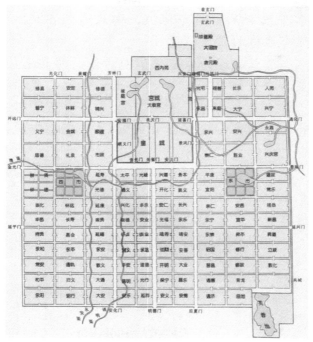

唐朝长安城平面图

朝的城市布局，但主要宫殿向东北移至大明宫。朝臣、权贵都集中到了东城，重心自然也偏于东城。这种"宫殿与民居不相参"的布局意图十分明显。

长安城采用严格的里坊制。全城划分为108个坊，坊大小不一：小坊约1里（500米）见方，大坊则成倍于小坊。坊的四周筑高厚的坊墙，有的坊设2门，有的设4门。坊内有宽约15米的东西横街或十字街，再以十字小巷将全坊分成 16 个地块，由此通向各户，坊里有严格的管理制度。

唐长安城的城建仍依照古制，每边 3 门，东西墙长达 10 千米，为夯土台式。玄武门位于城北角，与禁苑仅隔 100 米，但在这不长的距离内，却设置了 4 座城门，反映了统治阶级内部尖锐的矛盾。李世民策动的玄武门之变，就发生在这狭小的宫城里。华清宫和长生殿位于城南 25 千米处的骊山脚下，昔日杨贵妃的莲花形浴池至今仍然清辉幽映。

长安城的市场集中于东西两市。西市有

唐长安城的影响

唐长安城是唐朝帝国的都城，是唐朝帝国政治、经济、宗教、文化等许多方面的活动中心。长安城作为当时的国际大都会，也是东西方各国民众生活、学习、经商、娱乐的舞台。长安城的规划对其他都城的建设规划产生了重要影响，如日本的平城京、平安京等城市的建设都借鉴了长安城的规划。

建筑奇想

华　清　池

许多外国"胡商"和各种行店，是国际贸易的集中点。东市则有商店和作坊。

　　唐长安城历经几次大规模的修建，人口逐渐增加，总人口近百万，成为当时世界上最大的城市。

　　　　　唐长安城为什么能够成为当时世界闻名的大城市？

小问题

被称为"中国第一塔"的是哪一座塔?

朋友,列入"中古世界七大奇迹"的大报恩寺琉璃宝塔,在明代初年至清代前期(1412－1856年)是南京最具特色的标志性建筑物,被称为"中国第一塔"、"天下第一塔",或称"中国之大古董,永乐之大窑器",成为中外人士游历金陵的必到之处。清代康熙、乾隆二帝南巡时均登临此塔,乾隆作诗云:"涌地千寻起,摩霄九级悬,琉璃垂法相,翡翠结香烟。"西方人则称其为"南京的表征",是"东方建筑艺术最豪华、最完美无缺的杰作"。

南京中华门

大报恩寺和琉璃宝塔效果图

　　大报恩寺琉璃宝塔位于南京中华门外雨花路的东侧,塔与寺的前身是六朝的阿育王塔与长干寺、宋天禧寺、元慈恩旌忠寺,后毁于大火。明朝永乐十年,明成祖朱棣为纪念其生母贡妃,按照皇宫图示再建宝塔。这项工程规模浩大,耗费达200多万两白银,有10万军民在工部侍郎黄立恭和三宝太监郑和的监督下,整整劳碌了近20个年头。据传,塔建成后,9层内外共设篝灯146盏,每盏芯粗1寸左右。当时朝廷曾诏选行童百名,专事点灯,使其昼夜长明。因此,宝塔长年白日金碧照耀,夜晚灯火腾焰,风铃日夜作响,声闻数里。

　　寺内的殿宇极为壮丽,大雄宝殿俗称"石贡妃殿",每年由礼部按时祭祀,平时终年封闭。寺内有五百多名和尚,从事纪念活动和佛学研究。

琉璃宝塔位于石贡妃殿后，塔高80米，9层8面，层底长约100米，外壁以数百千克白瓷胎五色琉璃堆砌而成，表面塑有佛像或动物图形，制造十分精密，"塔上下金刚佛像千百亿金身，金身琉璃砖十数块凑成之，其衣褶不爽分，其面目不爽毫，其须眉不爽忽，斗笋合缝，信属鬼工"。拱门之四壁各嵌一尊白石护法天王像，内壁则布满小型佛龛。门帘饰有飞天、飞羊、狮子、白象、金翅鸟等佛教题材的五色琉璃砖。塔顶为重达2000两的黄金宝顶，内置5颗宝珠，作为避风、雨、雷、电、刀兵之用，往下是9级铁"相轮"，"相轮"之下为莲花纹铁"承盘"，外包以一寸厚的黄金。该塔高耸入云，五光十色，远远望去，异常壮观。登上塔顶，放眼远眺，

据史书记载，建造大报恩寺琉璃宝塔烧制的琉璃瓦、琉璃构件和白瓷砖，都是一式三份，建塔用去一份，其余两份编号埋入地下，以备有缺损时，上报工部，照号配件修补。1958年在琉璃宝塔附近出土了大批带有墨书的字号标记琉璃构件，现分藏于中国历史博物馆、南京博物院和南京市博物馆。

当年外国使臣赞为"四大洲所没有的绝美的伟大建筑"的琉璃宝塔，因其昔日的盛名，近年来仍不断有海外人士前来南京寻访遗迹。

琉璃宝塔

宫阙民舍、青山绿水，尽收眼底。

　　令人遗憾的是，这座举世无双的琉璃宝塔在南京屹立四百余年后，毁于太平天国战争中，如今仅存塔基，人们于是称它为宝塔根。南京市有关部门自 20 世纪 80 年代初开始酝酿复建大报恩寺琉璃宝塔的计划，时间跨入 21 世纪，南京市规划、旅游等部门及有关专家经过论证，达成了在原址复建宝塔的共识。

　　为恢复这一世界奇观，专家们检索了大量国内外资料，查清了塔的结构、样式及大小尺寸，并对当年烧制琉璃构件的古窑址进行了调查。因此，复建宝塔不但尺寸、形状等照旧，还将采用原来工艺方法，确保五彩琉璃塔"原汁原味"。

你知道佛塔起源于哪个国家吗？

小问题

中国现存唯一的木塔在哪里呢？

　　佛宫寺释迦塔俗称应县木塔，它是世界现存最古、老最高大的全木结构高层塔式建筑。释迦塔建于辽清宁二年（1056 年），至今已有九百多年的历史了。经狂风暴雨、强烈地震、炮弹轰击，寺内大部分建筑已毁，只有此塔依然屹立在黄土高原之上，巍峨之势不改，成了中国现存唯一的一座木塔。

　　释迦塔在中国的无数宝塔中，无论是建筑技术、内部装饰还是造像技艺，都是出类

山西应县木塔

166

中国的塔型

　　佛塔起源于印度，亦称浮屠，用以藏佛舍利，其形状为一个半圆形的坟冢。在中国古代，佛教曾经很流行，佛塔传入后，与中国原有传统建筑形式相结合，出现了许多新的塔型。中国佛塔可分为楼阁式（如西安大雁塔、应县木塔）、密檐式（如登封嵩岳寺塔、西安小雁塔）、覆钵式（如北京妙应寺白塔）、金刚宝座式（如北京直觉寺金刚宝座塔）等类型。

拔萃的。院平面布局保持着南北朝时期佛寺的传统。塔平面八角形，高 9 层，其中有 4 个暗层，高 67.3 米，底层直径 30.27 米，体形庞大。各层屋檐上配以外挑的平座与走廊，层层梁坊、斗拱、栏杆重叠而上，加上造型优美的塔顶、塔刹，真有顶天立地的气势！

　　在结构上，它使用明栿、草栿两套构件；各层上下柱不直接贯通，而是上层柱插在下层柱头的斗拱中（称为"叉柱造"），是唐宋时期建筑的重要特征。木塔采用了分层

叠合的明暗层结构，各暗层在内柱与内外角柱之间加设不同方向的斜撑，类似现代结构中的空间行架式的一道圈梁的钢构层。塔的柱网和构件组合采用内外槽制度，内槽供佛，外槽为人活动，全塔装有木质楼梯，可逐级攀登至各层，每登上一层楼，都有不同的景观。

朋友，你知道吗？释迦塔全塔不用一钉一铆，全靠五十多种斗拱和柱梁镶嵌穿插吻合而成。用现代力学的观点看，每种规格的尺寸均符合受力特性，近乎是优化选择。有时风一吹塔便摇动，发出"吱呀"之声，便给人以塔欲倾倒之感——然而，全塔的每个木构件接点在受外力时都产生一定的位移与形变，抵消了外界能量，从而以柔克刚，不会倒塌。这座塔唯一的缺点是当时缺乏科学

陕西西安的大雁塔

陕西西安的小雁塔

的计算方法，以致上部集中荷重，将个别坐斗压扁或陷入梁枋内，后来不得不在下部加支柱，防止梁枋折断。

此木塔能够千年不倒，除其本身结构精巧外，还得益于古代工匠对建筑材料的精心选择和当地易于保存木材的独特气候。

你能够举出两个不同类型的塔吗？

小问题

你知道岳阳楼的 "天下四绝" 吗？

　　洞庭湖畔的岳阳楼是中国古代建筑中的瑰宝，自古有"洞庭天下水，岳阳天下楼"之誉。它屹立于岳阳古城之上，背靠岳阳城，俯瞰洞庭湖，遥对君山岛，北依长江，南通湘江，登楼远眺，一碧无垠，白帆点点，云影波光，气象万千。

　　岳阳楼是什么时候建造的，说法不一。一般人都认为它始建于唐，后毁于兵燹，北

岳　阳　楼

三　醉　亭

宋年间重修和扩建。岳阳楼的名气，在很大程度上是由于北宋著名文学家范仲淹写了一篇不朽的散文《岳阳楼记》。据说是当时的巴陵郡守（岳阳在宋代时属巴陵郡）滕子京集资重修了岳阳楼。

　　滕子京是一位很有才学的人。在岳阳楼落成之时，他凭栏远眺，不禁诗兴大发，写了一首词《临江仙》："湖水连天天连水，秋来分外澄清。君山自是小蓬瀛。气蒸云梦泽，波撼岳阳城。帝子有灵能鼓瑟，凄然依旧伤情。微闻兰芷动芳馨。曲终人不见，江上数峰青。"60个字写景抒情，很有气势。不过，范仲淹应滕子京之请，为岳阳楼作记，写得就更好了。《岳阳楼记》共300多字，文情并茂，读之感人肺腑。文中许多警句已成为后人处世待人的格言，其中"先天下之忧而忧，后天下之乐而乐"两句，更为人所传诵。

岳阳楼的建筑很有特色。主楼3层，楼高15米，以4根楠木大柱承负全楼重量，再用12根圆木柱子支撑二楼，外以12根梓木檐柱顶起飞檐，彼此牵制结为整体。全楼梁、柱、檩、椽全靠榫头衔接，相互咬合，稳如磐石。

"四绝碑"

岳阳楼有很多历史故事，它最初是三国时期吴国名将鲁肃训练水师的阅兵台。公元712年，唐代有一位中书令登临该楼，心有所感，于是大力营造。此后，岳阳楼几经倾毁，几度重修。同时，文人墨客接踵而至，把酒临风，吟诗作赋，其中最有名的就是范仲淹的散文。滕子京请大书法家苏舜钦书写了《岳阳楼记》，并且由邵竦篆刻。人们把滕修楼、范作记、苏手书、邵篆刻，称为"天下四绝"，立了"四绝碑"，至今碑石完好。

怀 甫 亭

其建筑的另一特色，是楼顶的形状酷似一顶将军头盔，既雄伟又不同于一般。岳阳楼侧旁有仙梅亭、三醉亭、怀甫亭等建筑。

岳阳楼不仅文化价值极高，在建筑史上，它还是纯木结构建筑的典范。它记载了人世间历史的沧桑和变迁，成为中国古代高层建筑的一座伟大丰碑。

"居庙堂之高，则忧其民；处江湖之远，则忧其君"是哪篇文章中的名句？

小问题

悬空寺为什么能够建在悬崖上？

朋友，你听说过悬空寺吗？它位于北岳恒山脚下的金龙峡，距大同市约80千米，传说是北魏时一位叫了然的和尚所建，距今已有1400多年的历史。

金龙峡山势陡峻，两边是如同斧劈刀削一般的悬崖，悬空寺就建在这悬崖上，远远看去，简直就是粘贴在悬崖上，让人有一种可望而不可即之感。

游客到了山脚下，抬头向上望去，但见层层叠叠的殿阁，只有数十根像筷子似的木柱子把它撑住。那大片的赭黄色岩石，好像微微向前倾斜，瞬间就要塌下似的。所谓"平地起高楼"，悬空寺却完全打破这种常识，反其道而行之，悬空建在绝壁之上。简直就是一栋危楼。然而，就是这栋危楼，挺立了1400年之久。

前人介绍悬空寺，概括为："面对恒山，背倚翠屏；上载危岩，下临深谷；凿石为基，就岩起屋；结构惊险，造型奇特。"

悬空寺是在悬崖上凿洞，插入木梁，寺

仰望悬空寺

　　的一部分建筑就架在这一根根木梁之上，另一部分则利用突出的岩石作为它的基础。游人在远处见不到这些木梁，却见到不少细木斜顶住寺的底层。当地民谣唱道："悬空寺，半山高，三马尾，空中吊。"然而，如果仔细观察，就会发现，除了木柱可以承受重量外，那些插入岩石的巨大木梁，才是把悬空寺悬在空中的功臣。

　　进寺后，沿着楼梯可以攀登上楼，并不显得多么惊险。但是，当游人在楼上沿着紧贴在崖壁的通道，由南往北走，通过一条栈道，走到北边的那座三层三檐的楼阁时，就会发现这里的地势相当高。往上望"上载危岩"，往下看"下临深谷"，脚下的楼板又有晃动的感觉，可谓惊心动魄。

　　既然是粘贴在悬岩上，殿堂进深难免都

较小。古代的工匠们精心地缩小了殿内的塑像形体，这些塑像都显得比例适度，表情丰富，很有艺术价值。寺中共有殿堂四十余处，都是木结构，其位置部署得对称中有变化，分散中有联络。游人在廊栏间行走，如走迷宫，甚至会找不到出路。这正是其建筑构思的一个特色，既不呆板，又不零乱，给人以曲折玄妙之感。

在寺的栈道石壁上，刻有"公输天巧"四个大字，赞赏悬空寺的建造技艺。公输就

三教合一的独特寺庙

全国重点文物保护单位悬空寺位于山西省浑源县，是国内仅存的佛、道、儒三教合一的独特寺庙。北魏王朝将道家的道坛从大同南移到此，工匠根据道家"不闻鸡鸣犬吠之声"的要求建设了悬空寺。悬空寺距地面约50米，其建筑特色可以概括为"奇、悬、巧"三个字，发展了中国的建筑传统和建筑风格。历代都对悬空寺做过修缮。

悬 空 寺

是鲁班，也叫公输班，春秋战国时代人，被认为是建筑工匠的祖师爷。用这四个字，说明人们对悬空寺的建造技艺给予了最高的评价。

你知道是谁将悬空寺称为"天下巨观"，并对整个寺庙建筑、部署给予了极高的评价吗？

小问题

蓬莱阁由哪六部分组成？

　　全国重点文物保护单位蓬莱阁可了不得，它与岳阳楼、黄鹤楼、滕王阁并列四大名楼。北宋嘉祐六年（1061年），登州郡守朱处约将唐代渔民所建的龙王庙移至丹崖山西侧，在原址始建蓬莱阁，"为州人游览之所"，并著《蓬莱阁记》。元丰八年（公元1085年），一代文豪苏轼，为它挥毫走笔，瀚墨流芳，从此使蓬莱阁得登龙门，成为天下绝胜。

四方水城

蓬 莱 阁

　　蓬莱阁古建筑群分布在蓬莱城区西北的丹崖山上，占地 32 800 平方米，由弥陀寺、龙王宫、天后宫、蓬莱阁、三清殿、吕祖殿六部分组成。古建筑群亭台楼阁分布得宜，寺庙园林交相辉映，因势布景，协调壮观。

　　主体建筑蓬莱阁为双层歇山并绕以回廊，给人以浑厚凝重之中不失明媚亮丽的感觉。登阁环顾，神山秀水尽收眼底。

　　水城亦称备倭城，在蓬莱阁下东部，是一座具有特色的建筑物。它北与长山列岛隔海相望，负山控海，形势险要。北宋年间曾设刀鱼寨，防御契丹。明洪武时，倭寇侵扰，海防吃紧，就将登州(今蓬莱、长岛两县)升格为府,并将刀鱼寨旧址修筑水城备倭。

　　水城为土、石、砖混合构筑。南北呈长方形,城高 7 米,宽为 8 米,长 2200 米。出于军事需要，水城仅开两个门，南为振阳门，与陆路相连；北是水门，又名天桥口，由此出海。水城门上有一对炮台，互为犄角，控制附近海面。水城是城围水，水环城，构筑奇巧，布局合理，在中国海港建筑史上占有极重要的地位，是全国为数不多的水城中最大的一座。

值得一提的是蓬莱阁西侧的避风亭，又名海市亭或避风阁。它的大门敞启，所有窗子打开，纵然外面海风呼啸，但室内点燃蜡烛不灭，甚至纹丝不动。有人做过测试，火

蓬莱阁的传说

蓬莱阁高 15 米，重檐八角，上悬"蓬莱阁"金字匾，为清代书法家铁保所书。蓬莱素称"仙境"，古代神话中海上有三座仙山：蓬莱山、方丈山和瀛洲山，山上有仙人及长生不老之药可采撷。史载秦始皇、汉武帝都曾为求仙觅药先后来此。传说方士徐福受秦始皇之命求仙，即由此搭舟入海。民间传说中的"八仙过海"，就是在这儿发生的故事。

三　清　殿

柴点燃后火苗依然，抛纸屑原地下落；而到室外一抛，纸屑立即随风刮得不知去向。百试百灵，实为蓬莱阁一大奇迹。

　　晴空万里时蓬莱阁偶有海市蜃楼奇观出现，这种可遇而不可求的机会是极难碰到的。海市蜃楼里虚幻的琼楼玉宇，为古老的"蓬莱仙境"增添了神奇的色彩。

　　　　　　你知道海市蜃楼是怎么回事儿吗？

小问题

天坛的建筑是如何巧妙地利用声学原理的？

　　说到中国，人们的心里就不免浮现出长城和天坛祈年殿的形象。这两大建筑，一个是出于防御外敌的目的，一个是出于统治者祭天的需要，却都在世界建筑史上写下了辉煌的诗篇。

　　天坛始建于明永乐十八年（公元 1420 年），明清两代帝王在此祭天和祈祷五谷丰收。它以严谨的建筑布局、奇特的建筑构造和瑰丽的建筑装饰著称于世。总占地面积约

天坛祈年殿

天坛圜丘坛

270万平方米。天坛分为内坛和外坛。主要建筑物在内坛，南有圜丘坛、皇穹宇，北有祈年殿、皇乾殿，南北建筑之间由一条贯通南北的甬道——丹陛桥连接。外坛则古柏苍郁，奇树成林，环绕着内坛，使主要建筑群显得更加庄严宏伟。走进天坛公园，你不能不惊叹于古人宏大又精巧实用的构思。

天坛建筑有什么特色呢？这主要表现在声学、力学、美学原理的巧妙运用和精心设计上。

站在圜丘坛上层中央的圆心石上发声说话，人感到从四面八方传来悦耳的回音，唤起某种神秘的天人合一的感觉。原来，圜丘坛圆心石的位置，正是圜丘坛的中心。而石坛的周围砌有三重石栏，石坛以外设了两道

逆墙。从圆心石上发出的声音传到四周的石栏和逆墙受阻以后，就同时从四周向圆心石反射回来。从外围反射回来的声音造成了大约0.07秒的回声混响，使得听者觉得声音仿佛带有了某种深远的感觉。但是，回音是多重的，而且时间控制得很好，因此，说话的人几乎无法辨出原音与回音，这就出现了一种真假难辨的神秘效果。

天坛的建筑是科学的，但科学的现象却被封建统治阶级解释成上天垂象。其实，这正是中国古代劳动者把科学与艺术相结合的结果。

声学的应用不止于此，奇趣盎然的回音壁也是一个著名的例子。回音壁在皇穹宇院

"神秘的力量"

明、清两代王朝把天坛建筑在声学方面的成就归结为神秘的力量，他们借此告诉老百姓，即便在人间说点悄悄话，在天上也听得清清楚楚，由此推论出，老百姓对封建王朝最好也是俯首帖耳，唯命是从。

回 音 壁

落的四周，为一道高 3.72 米，厚 0.9 米，直
径 61.5 米的圆形围墙。墙身为一色淡灰城
砖，磨砖对缝，光滑严密。墙顶为蓝色琉璃
瓦盖顶的劵门三座，庄重典雅，工艺考究。
在周围安静的时候，两个人分别站在东西内
墙根，一人靠墙向北小声说话。声音就会沿
着墙壁传到另一端，好像打电话一样，对方
听得一清二楚。因此古人又称回音壁为"传
声墙"。其实道理很简单，声波在圆形坚硬
光滑墙面的内壁凹面体型内，产生沿墙传递
的现象，声波只能沿着围墙碰撞向前连续反
射而传播。所以，附在墙壁上说话，即使是
轻声细语，对方也听得清楚。可是，现在天
坛回音壁里游览的人太多，要想听到这种传
音效果，还真是要撞机会呢！

　　更奇妙的是三音石。三音石就是皇穹宇殿前御路的三块路面石。人站在第一块石板上拍手，可以听到一个回声，站在第二块石板上拍手，有两个回声，而站在第三块石板上拍手，则可听到三个以上的回声，这又是怎么回事呢？专家们经过研究后解开了谜团。原来，声音的速度是每秒 340 米，人耳仅能分辨间隔不小于 1/15 秒的声音，因此声音的反射体（如墙面）距人不得近于 11.3 米，否则听不到回音。回音壁半径为 32 米，约等于这个最近距离的三倍。而三音石恰是圆形墙面回音壁的圆心。在这里，拍手的声音向四方传播，同时以垂直墙面的方向传到回音壁，经墙面反射又沿半径方向聚回圆心——三音石。于是拍手的人就听到第一个回音，声波继续向前传播到回音壁，又一次被反射回圆心……这样，人们就又听到三个或更多的回音。

　　朋友，你说，天坛的建筑在声学的设计方面是不是妙趣横生呢？

你知道还有哪些建筑巧妙地利用了声学原理吗？

小问题

太和殿在明清时是做什么用的？

　　朋友，你知道吗？北京故宫也叫紫禁城。紫禁城里有很多宫殿，一层又一层，最核心的一座宫殿是太和殿，俗称金銮宝殿。

　　太和殿建立在5米高的汉白玉台基上，殿高36米，宽63米，面积为2380平方米，是宫殿群中最大的建筑。台基四周矗立着雕龙石柱，大殿正中2米高的台子上是金漆雕龙宝座。宝座背后是高雅的屏风，还有沥粉

北京紫禁城

太 和 殿

金漆的龙柱和精致的蟠龙藻井。明清两代皇帝即位、诞辰以及春节、冬至等庆典，都是在此举行。太和殿也是皇帝上朝的宫殿，文武百官都聚集在这里，商议国家大事。

太和殿前是磨得很光滑的石砖路。殿堂采用了古代建筑风格，檐飞双重，屋面四坡；明黄琉璃瓦金碧辉煌，檐角风动铃声清脆悦耳。宫殿墙顶、栋梁到处都描着金花彩画，看得人眼花缭乱。殿廊有20根合抱柱，鲜红夺目，庄重恢弘；殿门六扇雕花格门，巧夺天工。虽然经历了几百年风雨的侵蚀，上面美丽的花纹至今仍然清晰可见。

从殿正门口朝殿内望去，殿堂正中高高在上的是皇帝的宝座，富丽堂皇；龙座前两

侧是栩栩如生的铜铸仙鹤。宝座下方就是文武百官跪拜天子的地方，大理石的地面晶光闪耀，能映出人的倒影来。太和殿四周的宫殿都是皇帝看书和休息的地方。

故宫的宫殿虽多，但布置却千篇一律，大多是在中间位置放上一把龙椅，其他人都无处可坐，就连那些一家独大的封建专制帝王似乎也意识到自己的窘境，而称自己为"寡人"、"孤"等，而革命者则称他们为"独夫"、"民贼"，揭露封建专制家天下的丑

北京故宫

故宫位于北京市区中心，始建于 1406 年，历时 14 年才完工。故宫是世界上现存规模最大、最完整的古代木结构建筑群，为明、清两代的皇宫，有 24 位皇帝相继在此登基执政。故宫的宫殿分前后两部分，即前朝和内廷。前朝以太和、中和、保和三大殿为中心。

1925 年，故宫博物院正式成立，收藏历代文物 91 万件，是世界上最大的博物馆之一，1987 年被列入《世界遗产名录》。

太和殿前的御路

陋面目。从这个意义上讲，故宫宫殿的内部格局已经永远成为历史。

小问题

你怎样看待封建社会把太和殿修建得金碧辉煌？

中和殿的宝顶有什么重要作用？

　　故宫里的中和殿是一座方方正正的亭子形宫殿。明永乐十八年（1420年）建，初名华盖殿，清顺治二年（1645年）才改为今天的名字。"中和"二字意在宣扬"中庸之道"，就是说凡事要做到不偏不倚，恰如其分，才能事态稳定，各方关系和睦。

　　中和殿的大殿平面呈正方形，黄琉璃瓦四角攒尖顶。顶部有一个金黄色的圆形构

中和殿的球形宝顶

中和殿内部

件，人们称它为宝顶。据传，灯市口东面有一座二郎神庙，每逢早晨日出时分，便有金光直射室内，人们对此迷惑不解。后来人们仔细观察，才发现，原来二郎神庙的庙基与中和殿正好东西相对，是殿上的宝顶将太阳光反射到庙内形成了这一奇妙的景象。

其实，宝顶具有很重要的用处。凡是攒尖顶的建筑，整个木构架都是向上收缩的，并最后聚集在屋架顶端一根垂直的木柱上。这根孤零零的木柱，很容易遭到雷击，因此称为雷公柱。雷公柱就像一把伞的伞柄，它把所有的角梁后尾的戗木固定在自己身上，是整个屋顶的中心支点。如果这根柱子损坏，整个屋顶就会散架。

在木柱的顶端安置一个宝顶，首先是为了保护下面的雷公柱免遭雨水的侵蚀。此外，就审美规律而言，攒尖顶的最上端如果没有这样一个东西，会给人以屋顶的斜面与斜线会聚无终的不和谐感觉，就像是一个乐章没有结尾。

　　与整个建筑相比，宝顶的体量很小，却起到了使整个建筑沉稳美观的重要作用。然而，宝顶在审美上也是十分重要的，因此，工匠们就想方设法把它制作成各种富有装饰性的形状，以增加建筑的美感。

　　中和殿内宝座前左右两侧有两只金质四腿独角异兽，为烧檀香之用。它是想象中的一种神兽，传说能够日行一万八千里，懂得四方语言，通晓远方之事。把它们放在皇帝

宝顶的避雷作用

　　中国古代建筑已经开始考虑避雷的问题。避雷装置主要是用"雷公柱"。雷公柱一般连接建筑的最高端，上面还可以再设火珠、宝珠、宝顶等装置。这样一来，雷击建筑的最高端时，电流便沿雷公柱、太平梁、角梁、沿柱等引向地面。中国古代工匠已经懂得这些引导雷电的构件不能用一般的木材，而需要用楠木、铁力木等，导电性相对较强的木材。

中　和　殿

宝座两旁，寓意君主圣明。

　　中和殿平台两侧的铜熏炉，是用来生炭火取暖的。清代宫中烧用的是上好木炭，叫"红萝炭"。这种木炭气暖而耐烧，灰白而不爆。宝座两旁还放着两乘肩舆，俗称轿子，是清代皇帝在宫廷内部使用的交通工具。皇帝在什么场合乘坐什么轿子都有严格规定。

　　明、清两代王朝，皇帝有事去太和殿前先在此小憩，接受内阁、礼部及侍卫执事人员等的朝拜。每逢加皇太后徽号和各种大礼前一天，皇帝也在此阅览奏章和祝辞。

　　　中和殿的"中和"两个字是什么意思？

小问题

慈禧太后是用哪笔钱重建的颐和园？

颐和园位于北京市西北郊，是清代的皇家园林和行宫。它有各种建筑 3000 多间，主要由昆明湖和万寿山两部分组成，面积达 2.9 平方千米。整个园林以佛香阁为中心，根据不同地点和地形，配置了殿、堂、楼、

昆 明 湖

长　廊

阁、廊、亭等精致的建筑。山脚下建了一条
长达 728 米的长廊，犹如一条彩虹把多种多
样的建筑物以及青山、碧波连缀在一起。整
个园林构思巧妙，是举世罕见的艺术杰作。

　　这座园林的主要特色是依山面水，昆明
湖约占全园面积的3/4。水面并不单调，除了
湖的四周点缀着各种建筑物外，湖中还有一
座南湖岛，有一座美丽的十七孔桥与岸上相

连。在湖的西部，有一西堤，堤上修有6座造型优美的桥。

颐和园前山的正中是一组巨大的建筑群。自山顶的智慧海，往下为佛香阁、德辉殿、排云殿、排云门、云辉玉宇坊，构成一条明显的中轴线。在中轴线的两边，又有许多陪衬的建筑物。顺山势而下，又有许多假山隧洞，游人可以上下穿行。颐和园后山的设计格局则与前山迥然而异，前山的风格宏伟、壮丽，而后山则是以松林幽径和小桥曲水取胜。

颐和园的易名

颐和园是中国现有大型皇家园林中最为完整、最为典型的一个，也是世界著名园林之一。颐和园在金贞元元年（1153 年）完颜亮设为行宫，明朝由皇室改为好山园，清乾隆十五年（1750 年）改为清漪园。园内分为宫廷区、前山前湖区、后山后湖区三大景区。1860 年被英法联军焚毁，1888年慈禧太后挪用海军经费 500 万两白银重建，历时 10 年，竣工后改名"颐和园"。

十七孔桥

颐和园几乎集中了所有古代建筑的形式，亭台楼阁、殿堂厅室、廊馆轩榭、塔舫桥关，应有尽有。除了木建筑以外，还有铜铸、石砌、琉璃镶嵌等。园内有许多景点效法了江南园林的一些优点。如谐趣园就是仿无锡寄畅园，西堤是仿杭州西湖的苏堤。

小问题

你知道颐和园是在哪一年被列入《世界遗产名录》的吗？

明长陵的建筑主要有什么特点？

　　明十三陵位于北京市昌平境内的燕山脚下，是中国帝王陵墓中保存较完整的一处。每座陵园都依山而建，各成体系，具有极高的历史、艺术和科学价值。

　　长陵坐落在天寿山中峰之下，是十三陵中的首陵，埋葬着明代第三位皇帝成祖朱棣和皇后徐氏。此陵建于1409年，地上建筑曾经多次维修，地下部分尚未发掘。

长　　陵

神　道

　　长陵在十三陵中是保存较完整的一座陵墓。地面建筑形制为前方后圆，基本仿照南京朱元璋的明孝陵而建造。中轴线上的主体建筑有碑亭、神路、陵门等，附属建筑对称两旁。陵门内有三个院落，第二进院落中的陵恩殿是十三陵所有建筑中最大的一座殿宇，也是中国唯一的一座本色楠木巨殿，为谒陵时举行祭祀仪式的地方，面阔九间，进深五间，内竖六根不加粉饰的楠木巨柱。殿后穿过内红门便是明楼方城，方城下有甬道可登上明楼。与明楼相连的是宝城城墙，周长一千米左右，中间是宝顶。

　　陵恩殿陈列的出土文物，是将定陵部分

出土文物移到长陵陈列，分为三部分：西半部是出土文物，分别为金器、银器、瓷器、玉器等，其中有原物也有复制品；东半部是御用织锦陈列，均为复制品；中间是十三陵全景模型。

　　在十三陵中，明长陵建筑最早、面积最大、规模最宏伟、工艺用料最考究、原建筑

小知识

陵恩殿

　　明长陵的陵恩殿是后代皇帝祭祀永乐帝后的场所，建筑在汉白玉雕刻成的三层台基上，金砖铺地。所有木件全用金丝楠木为之，古色古香。一米多直径、十几米高的 60 根金丝楠木大柱子，承托着 2300 平方米的重檐庑殿顶，雄伟壮观、举世无双。殿中端坐于九龙宝座之上的是永乐皇帝的铜像，形象逼真，做工精湛考究，是精美绝伦的艺术佳作。长陵内播放着 1956 年发掘定陵地宫的实况录像，带着游人一同揭开地宫的神秘面纱。

陵恩殿外的石栏

保护最完整，它历经 600 年沧桑仍完好无损，是全国第一批重点文物保护单位。它以宏大的古建筑艺术成就及丰富的历史文化内涵，吸引着每年数以百万计的中外游人和各界专家学者。

你知道中国古代最大的一座帝王陵墓是哪一座吗？

小问题

上海汇丰银行的标志性建筑是什么？

　　上海汇丰银行大楼在外滩南京路口中山东一路的 12 号——今天的和平饭店南楼旧址，1921 年开工，1923 年竣工。

　　这座大楼是一幢仿古典主义风格的建筑，平面接近正方形，占地面积 9338 平方米，建筑面积 23 415 平方米。其建筑主体 5 层，中部 7 层，地下 1 层，1 楼四面有夹层。大楼以正大门与正大门上面的穹顶为中轴

远眺上海汇丰银行大楼

上海汇丰银行大楼门厅上的穹顶

线，两侧严格对称。主立面呈横 5 段、竖 3 段的格式。6 扇花饰细腻的铜质大门，为罗马石拱券样式。券门左右置高低圆柱灯各一，铜狮一对。大石块作外墙贴面，宽缝砌置。2～4 层中段中部贯以 6 根爱奥尼克立柱，其中两排为双柱，贴墙石块则为细缝砌置。5 层上面的圆形穹顶是铜框架结构，成为这幢大楼的标志。

在大楼的正门处，装有 3 扇铜铸转门，两侧是玻璃门。进入大门，是八角形门厅，上面是穹顶。从地坪到顶部，约 20 米高，分上下两层，下层有 8 根大理石柱。每面有较大的券门，上层壁面及穹顶均嵌有气势宏大的精美玻璃马赛克壁画。由八角厅入内便是营业大厅，有两排大理石圆柱作支撑。大厅中央是柚木地板，四周皆是大理石地坪，柜台内外的分界线及四壁也以大理石砌成。大厅的墙沿及暗角有暖气设备与冷排风系统。大厅的屋顶是巨大的玻璃天棚，天棚用小块玻璃镶拼，十分牢固。

太平洋战争爆发后，日本横滨正金银行占用此楼，抗日战争结束，汇丰银行银行迁回此楼。2000年，汇丰银行将其中国业务总部移至上海的浦东。

"史蒂芬"和"施迪"

驻守在大楼门前的一对铜狮子是汇丰银行的重要象征。两头雄狮之中，张嘴吼叫的是"史蒂芬"，此名得自1920－1924年的香港分行经理史蒂芬，铸造铜狮就来自他的倡议。另一头铜狮称为"施迪"，是当时上海分行经理施迪的名字。

上海汇丰银行大楼外的铜狮

汇丰银行大楼的 6 扇铜质大门采用了什么样式？

人民大会堂由哪几部分组成？

　　雄伟的人民大会堂建于 1958 年 10 月至 1959 年 8 月，完全由中国人自行设计兴建，整个工期极其紧凑，前后仅用 10 个月就竣工了，堪称中国建筑史上的一大创举。

　　人民大会堂的建筑面积达 171 800 平方米，比故宫的全部建筑面积还要大，整个建筑显得壮观巍峨：黄绿相间的琉璃瓦屋檐，高大魁伟的廊柱，四周层次分明的建筑，这一切构成了天安门广场开阔庄重的整体印象。人民大会堂是全国人民代表大会开会的

雄伟的人民大会堂

万人大礼堂

地方，也是国家领导人和人民群众举行政治、外交活动的场所。

那么，人民大会堂的内部又是什么样的结构呢？

走进大会堂，我们可以看到，中央部分是万人大礼堂，北部是宴会厅，南部则为人大办公楼。整个建筑平面呈"山"字形。中华人民共和国国徽高悬在正门上方。

万人大礼堂是人民大会堂的主体建筑，东西进深60米，南北宽76米，高32米。会场共有固定坐席9770个，由于角度设计合理，所有的座位都可以清晰地看到主席台。

万人大礼堂的一层座位为代表席，每个座位有电子表决器和 12 种语言的译意风。主席台 600 平方米，设座 300 个，配备齐全的声、光、电设备。会场内装有各种现代化设备，吊顶有 500 盏满天星灯，中部的穹隆象征宇宙空间，中心悬挂的巨大的红五角星灯闪闪发亮，四周用镏金制成的光芒和向日葵花瓣象征全国人民的大团结。

北部宴会厅是举行国宴和盛大招待会的地方，东西长 102 米，南北宽 76 米，面积达到 7000 多平方米，可同时容纳 5000 人举行宴会或者 1 万人举行酒会。宴会厅四周共有 28 根沥粉贴金廊柱，天花板饰有玻璃

国家接待厅

人民大会堂南端主要部分是全国人大常委会机关办公楼。一层中央设有国家接待厅，是党和国家领导人接待贵宾和国家主席接受外国新任驻华使节呈递国书的地方，面积为 550 平方米。在设计上富有民族传统风格，顶部造型是沥粉贴金棋盘式藻井，悬挂 4 盏宫灯式水晶吊灯，四周墙壁饰织锦软包。主墙面上是象征中华五千年文明的巨幅国画《大河上下·浩浩长春》。

人民大会堂的金色大厅

钢压花图案和彩色藻井。

南部的人大办公楼包括33个会议厅，分别以中国各省、自治区、直辖市和中国香港、澳门特别行政区命名，各个会议厅均按地方特色装饰布置。

人民大会堂黄绿相间的琉璃屋檐，高大的廊柱，四十多米高的巨大屋体，以及四周层次分明的建筑立面，组成一幅庄严绚丽的图画。

你知道人民大会堂内最大的一幅国画《江山如此多娇》是谁创作的吗？

小问题

"大宅门"属于北京四合院吗？

四合院这种北京的传统建筑，在辽代时就已经初具规模，以后逐渐完善，成为北京最有特点的居住形式。

所谓"四合院"，"四"指东、西、南、北四面，"合"就是四面房屋围在一起，形成一个"口"字形。经过数百年的营建，北京四合院从平面布局到内部结构、细部装修都形成了特有的京味风格。

每排四合院中间的通道就是胡同

复杂的四合院大门

正规四合院一般依东西向的胡同而坐北朝南，基本形制是分居四面的北房（正房，朝向南方的房间）、南房（倒座房）和东、西厢房，四周再围以高墙形成四合，开一个门。大门辟于宅院东南角。四合院中间是庭院，院落宽敞，庭院中植树栽花，也常常用缸饲养金鱼，是四合院布局的中心，也是人们穿行、纳凉、休息、家务劳动的场所。北京风沙大，四合院的设计在考虑避风的前提下，做到了通风和采光的合理结合，因此被誉为北方最舒适的庭院建筑模式。

四合院属砖木结构建筑，房架子檩、柱、梁（柁）等采用木制，房架子周围则以砖砌墙。梁柱门窗及檐口椽头都要油漆彩画，老北京讲究色彩缤纷。传统四合院用磨砖、碎砖垒墙，民间俗语说是"北京城有三宝……烂砖头垒墙墙不倒"。四合院的屋瓦大多用青板瓦，正反互扣，檐前装滴水，或者不铺瓦，全用青灰抹顶，称"灰棚"。

四合院的大门相当重要，一般要占一间

四合院的规模与雕饰

四合院虽有一定的规制，但规模大小却有不等，大致可分为小四合、中四合、大四合三种。小型和中型四合院一般是普通居民的住所，大四合院则是府邸、官衙用房，习惯上称作"大宅门"。

北京四合院的雕饰图案以各种吉祥图案为主，如以蝙蝠、寿字组成的"福寿双全"，以插月季的花瓶寓意"四季平安"，还有"子孙万代"、"玉棠富贵"、"福禄寿喜"等，展示了老北京人对美好生活的向往。

四合院内的生活

房的面积，其零配件相当复杂，仅营造名称就有门楼、门洞、大门（门扇）、门框、腰枋等。大门一般是油黑大门，加上红底黑字的对联，显得十分端庄。

进了大门，根据四合院的规模，还可以设有垂花门、月亮门等。垂花门是四合院内最华丽的装饰门。油漆得十分漂亮，檐口椽头椽子油成蓝绿色，望木油成红色，圆椽头油成蓝白黑相套如晕圈之宝珠图案，方椽头则是蓝底子金万字绞或菱花图案。垂花门的作用是分隔里外院，门外是客厅、门房、车房、马号等"外宅"，门内是"内宅"。没有垂花门则可用月亮门分隔内外宅。

窗户和槛墙都嵌在上槛及左右抱柱中间的大框子里，上扇都可支起，下扇一般固定。

冬季糊窗是北京的习俗，一般采用高丽纸或者玻璃纸，这些纸有非常人性化的视觉效果，从里面往外看，光线很明亮，而从外面向里面看，就很难看清楚什么了，可以说是很艺术地保护了主人的隐私，实际上还能起到一定的保温效果呢。四合院夏季窗则改用纱，透风透气。考究的老北京人在纱外面加幅纸，白天卷起，夜晚放下，也可谓是很人性化的设计了。

四合院的顶棚都是用高粱秆做架子，外面糊纸。糊顶棚是一门技术。四合院内，由顶棚到墙壁、窗帘、窗户全部用白纸裱糊，称之"四白落地"。不过，裱糊的频繁程度就要看主人家的财力了。

小问题

北京四合院内的居民为什么在冬季一般都睡火炕？

上海世博会中国馆为何世界瞩目？

2010年世博会，黄浦江畔出现了一抹红色而又不失庄严的跃动，这就是精心设计建造的中国馆。中国馆采取斗拱造型，上宽下窄，整体红色，大气辉煌。

中国馆的布局灵感来自"九宫格"造型，即中国古代城市的传统规划，坐北朝南，南北中轴统领，顶部平面呈经纬分明的网格架构，这与历史上唐长安城、皇城、故宫形成呼应。

中国馆的斗拱造型，源于中国传统建筑的木构架造，斗拱既是承重构件，又是艺术

中国馆的外观堂皇大气，富有东方神韵

世博会中国馆的寓意

中国馆共分为国家馆和地区馆两部分。国家馆主体造型雄浑有力，宛如华冠高耸，建筑面积46 457平方米，高69米，由地下一层、地上六层组成。

地区馆犹如巨大的平台基座，汇聚人流，高13米，由地下一层、地上一层组成，外墙表面覆以"叠篆文字"，呈水平展开之势。

国家馆和地区馆的整体布局，隐喻天地交泰、万物咸亨。

构件，它的应用使建筑形成"如鸟斯革，如翚斯飞"的态势。同时，设计师借鉴了夏商周时期鼎器文化的理念，用四组巨柱将中国馆像鼎一样架空升起，呈现出了挺拔奔放的气势。巨柱、斗拱、鼎器的巧妙结合，使整座建筑大气而壮观，被誉为"东方之冠"。

"东方之冠"颠覆了现有的建筑技术，建造者要从最窄处建起，安装钢材的过程也几乎是颠倒过来的。它的颈部比较大，质量集中在颈部，抗震试验进行得异常严格。试

中国馆的设计灵感来自于古代建筑构件——斗拱

验中，中国馆模型能承受住地震所产生的横向冲击，但高悬的屋顶却容易发生扭曲，导致混凝土大梁开裂。科学家给中国馆加装一种全新的弹性钢连接装置，这种钢富有弹性，可以弯曲，即使由强震引发建筑扭曲，也不会让混凝土大梁开裂，这就保证了建筑的安全。

中国馆必然选择红色，然而这其中也大有讲究。在早期试验中，无论给模型刷上什么浓度的红色，都显得没有生气，而且还会出现一种奇怪的现象：人看完这个建筑后，眼前会产生绿斑残像。

其实，这是由人眼看颜色的机理造成的。在人类视网膜中，有一种只吸收红光的视锥细胞，人眼长时间看着红色物体，视锥细胞就会失去敏感性。与此同时，吸收绿光的细胞却活力十足，发出很强的信号。这就是看了中国馆模型后会产生绿斑影像的原因。

专家们经过考虑，选取了七种不同色度的红色拼在一起，几种红色的波长不同，当它们在脑海中混合时，就会产生出完美的红色。另一方面，视锥细胞也可以不再疲劳，从而避免了绿斑残像。

中国馆是古代与时尚的完美结合，设计团队重视低碳，有着一套完整的环境保护与能源节约策略体系，在建筑材料上，所有的门窗都采用 LOM－E 玻璃，不仅反射热量，降低能耗，还喷涂了一种涂料，将光能转化为电能并储存起来，为建筑外墙照明提供能量。地区馆的平台上厚达 1.5 米的覆土层，可为展馆节省 10% 以上的能耗。顶层还装有雨水收集系统，雨水被净化后用于冲洗卫生间和车辆。在园林设计中，还引入了小规模的人工湿地技术，利用其自洁能力提供了生态化的景观。

中国国家馆是中国现代建筑史上的重要作品，我们可以从中看到，节能和环保在建筑中占有越来越大的分量，是发展的必然趋势。

小问题　中国馆的"中国红"是一种单一的颜色吗？

图书在版编目（CIP）数据

建筑奇想 / 中国科学技术协会青少年科技中心组织编写 . -- 北京：科学普及出版社，2013.6（2019.10重印）

（少年科普热点）

ISBN 978-7-110-07921-8

I. ①建… II. ①中… III. ①建筑学－少年读物 IV. ① TU-49

中国版本图书馆 CIP 数据核字（2012）第 268451 号

科学普及出版社出版

北京市海淀区中关村南大街 16 号　邮编：100081

电话：010-62173865　传真：010-62173081

http://www.cspbooks.com.cn

中国科学技术出版社有限公司发行部发行

莱芜市凤城印务有限公司印刷

※

开本：630毫米 × 870 毫米　1/16　印张：14　字数：220 千字

2013 年 6 月第 1 版　2019 年10月第 2 次印刷

ISBN 978-7-110-07921-8/G · 3334

印数：10001—30000　定价：15.00 元